1+X职业技能等级证书配套系列教材

数据应用开发与服务（Python）

（初级）

北京中软国际信息技术有限公司　主　编

卞秀运　陈玉勇　杨　阳　吕志君　胡晓宏　副主编

高等教育出版社·北京

内容提要

本书为数据应用开发与服务（Python）1+X 职业技能等级证书配套系列教材之一，以《数据应用开发与服务（Python）职业技能等级标准（初级）》为依据，由北京中软国际信息技术有限公司主持编写。

本书采用项目化编写模式，共分为 5 个项目：项目 1 介绍在 Windows 上安装和配置 Python 运行环境，并分别使用 Visual Studio Code（VS Code）和 Jupyter Lab 编写、调试和运行 Python 程序；项目 2 介绍如何使用 Python 的语法规则、语言特性和面向对象的编程方法设计和编写基于控制台的应用程序；项目 3 介绍高性能科学计算和数据分析模块包 numpy 和 pandas 的使用方法；项目 4 介绍如何从格式化文件和数据库中采集数据；项目 5 介绍数据处理的基本方法，包括缺失值和重复值的检测与处理、对原始数据集划分子集、获取描述性统计信息、以可视化方式展现数据分布情况等。全书通过构建 34 个学习任务，引导学生学习 Python 应用开发的相关知识与技能，并培养学生应用所学完成实际任务的能力。

本书配套微课视频、电子课件（PPT）、任务源代码、习题解答等数字化学习资源。与本书配套的数字课程"数据应用开发与服务（Python）"在"智慧职教"平台（www.icve.com.cn）上线，学习者可以登录平台进行在线学习，也可以通过扫描书中二维码观看教学视频，详见"智慧职教"服务指南。教师可发邮件至编辑邮箱 1548103297@qq.com 获取相关教学资源。

本书为数据应用开发与服务（Python）1+X 职业技能等级证书配套教材，也是高职院校计算机及相关专业 Python 程序设计课程的教材，还可作为 Python 初学者的自学参考书，为将来从事与 Python 应用相关的多源数据采集、数据预处理、数据建模、数据可视化、特征选取、模型优化、模型部署、模型应用等工作打下良好基础。

图书在版编目（CIP）数据

数据应用开发与服务：Python：初级 / 北京中软国际信息技术有限公司主编 . --北京：高等教育出版社，2022.3

ISBN 978-7-04-057286-5

Ⅰ . ①数… Ⅱ . ①北… Ⅲ . ①数据处理-职业技能-鉴定-教材 Ⅳ . ①TP274-39

中国版本图书馆 CIP 数据核字（2021）第 228833 号

Shuju Yingyong Kaifa yu Fuwu (Python)

策划编辑	刘子峰	责任编辑	许兴瑜	封面设计	李卫青		版式设计	于 婕	
插图绘制	邓 超	责任校对	马鑫蕊	责任印制	存 怡				

出版发行	高等教育出版社		网　　址	http://www.hep.edu.cn
社　　址	北京市西城区德外大街 4 号			http://www.hep.com.cn
邮政编码	100120		网上订购	http://www.hepmall.com.cn
印　　刷	北京利丰雅高长城印刷有限公司			http://www.hepmall.com
开　　本	787 mm×1092 mm　1/16			http://www.hepmall.cn
印　　张	17.75			
字　　数	580 千字		版　　次	2022 年 3 月第 1 版
购书热线	010-58581118		印　　次	2022 年 3 月第 1 次印刷
咨询电话	400-810-0598		定　　价	49.80 元

本书如有缺页、倒页、脱页等质量问题，请到所购图书销售部门联系调换
版权所有　侵权必究
物 料 号　57286-00

"智慧职教" 服务指南

"智慧职教"是由高等教育出版社建设和运营的职业教育数字教学资源共建共享平台和在线课程教学服务平台，包括职业教育数字化学习中心平台（www.icve.com.cn）、职教云平台（zjy2.icve.com.cn）和云课堂智慧职教 App。用户在以下任一平台注册账号，均可登录并使用各个平台。

● 职业教育数字化学习中心平台（www.icve.com.cn）：为学习者提供本教材配套课程及资源的浏览服务。

登录中心平台，在首页搜索框中搜索"数据应用开发与服务（Python）"，找到对应作者主持的课程，加入课程参加学习，即可浏览课程资源。

● 职教云（zjy2.icve.com.cn）：帮助任课教师对本教材配套课程进行引用、修改，再发布为个性化课程（SPOC）。

1. 登录职教云，在首页单击"申请教材配套课程服务"按钮，在弹出的申请页面填写相关真实信息，申请开通教材配套课程的调用权限。

2. 开通权限后，单击"新增课程"按钮，根据提示设置要构建的个性化课程的基本信息。

3. 进入个性化课程编辑页面，在"课程设计"中"导入"教材配套课程，并根据教学需要进行修改，再发布为个性化课程。

● 云课堂智慧职教 App：帮助任课教师和学生基于新构建的个性化课程开展线上线下混合式、智能化教与学。

1. 在安卓或苹果应用市场，搜索"云课堂智慧职教"App，下载安装。

2. 登录 App，任课教师指导学生加入个性化课程，并利用 App 提供的各类功能，开展课前、课中、课后的教学互动，构建智慧课堂。

"智慧职教"使用帮助及常见问题解答请访问 help.icve.com.cn。

前　言

　　2019 年国务院印发的《国家职业教育改革实施方案》中提出，促进产教融合校企"双元"育人，构建职业教育国家标准，启动 1+X 证书制度试点工作。在此背景下，作为教育部批准的第四批 1+X 培训评价组织，北京中软国际信息技术有限公司（以下简称"中软国际"）依据《数据应用开发与服务（Python）职业技能等级标准》，与北京信息职业技术学院联合开发了本套教材。

　　本书采用项目化编写模式，以职业能力培养为本位，从开发运行环境、程序设计语言、科学计算、数据采集和数据预处理 5 个方面，构建相应的学习任务，逐层递进，引导学生学习 Python 数据应用开发与服务的相关知识与技能，并培养学生应用所学完成实际任务的能力。全书共分为 5 个项目，具体如下。

　　项目 1 介绍在 Windows 中 Python 运行和开发环境的构建，以及通过 Visual Studio Code 和 Jupyter Lab 两种方式编写、运行和调试 Python 代码的方法。

　　项目 2 使用 Python 的过程化编程和面向对象编程方法，实现字符串处理、数据结构定义、文件处理、异常处理等操作，并完成基于命令行的小型应用程序。

　　项目 3 使用 numpy 和 pandas 库创建和维护一维、二维及更高维数组，并采用切片、筛选等方式获取指定的数据，调用相应函数获取数组的基本统计信息，对数组执行修改，以及在数组之间、数组和标量之间执行运算。

　　项目 4 实现对 CSV、XML、JSON 和 Excel 格式文件的读写，并使用 pymysql 模块连接到 MySQL 数据库进行查删改查操作。

　　项目 5 综合前 4 个项目中涉及的知识和技术，实现对多个数据集进行缺失值识别与处理、重复值识别与处理、数据子集划分、数据集描述性统计以及数据分布图绘制等操作，帮助学生建立初步的数据预处理能力。

本书的项目及任务围绕《数据应用开发与服务（Python）职业技能等级标准（初级）》的要求，通过"学习目标—项目介绍—任务目标—知识准备—任务实施—项目总结"的环节设计，重点强调在企业实际生产环境中通用职业技能的掌握，并在每个项目后都配有覆盖相关知识与技能的课后练习题，起到巩固所学的作用。

中软国际卓越研究院副院长周海、杨强负责提供本书对应项目源代码，并与各位副主编共同确定了本书的编写体例。在教材开发前期，团队成员确立了项目化教材知识流水线、项目并行线式的编写方式，由卞秀运、吕志君负责编写项目 1 和项目 2，陈玉勇、胡晓宏负责编写项目 3 和项目 4，杨阳负责编写项目 5，最后由周海、杨强完成全书的审稿工作。同时，福州英华职业学院吴梨梨、泉州经贸职业技术学院李小丽、集美大学诚毅学院陈亚洲、湄洲湾职业技术学院陈峰震也参与了本书不同项目的研发审核工作。在此，感谢所有参与教材开发的团队成员们自始至终携手共进、互相勉励，突破了校企沟通的时空障碍，顺利完成了本书的编撰工作。另外，还要特别感谢中软国际产学研合作部的领导以及北京信息职业技术学院领导对教材联合开发工作给予的大力支持！

由于编者水平有限，书中错误及不妥之处在所难免，恳请广大专家、读者批评指正。

编　者
2021 年 8 月

目 录

项目1 搭建开发环境

学习目标

熟练搭建和使用 Python 开发环境，具体如下。

① 可以独立完成 Python 运行环境的搭建。

② 可以独立完成 Visual Studio Code 开发环境的安装和配置。

③ 熟练安装和使用 Jupyter Lab。

项目介绍

本项目将在 Windows 上安装和配置 Python 运行环境，并分别使用 Visual Studio Code（VS Code）和 Jupyter Lab 编写、调试和运行 Python 程序。

任务 1.1 搭建 Python 运行环境

【任务目标】

PPT：任务 1.1
搭建 Python
运行环境

① 完成 Python 3.6+运行环境的安装。

② 配置 pip 国内安装源路径。

③ 使用 pip 命令安装第三方数据分析处理包（numpy、scipy、pandas、matplotlib 和 sklearn）。

【知识准备】

Python 包管理工具主要有 pip 和 conda，本项目仅使用 pip 命令进行管理。pip 的常用命令如下。

① pip list：查看已经安装的第三方库。

② pip install：安装第三方库。

③ pip show：查看安装库的详细信息。

④ pip uninstall：卸载指定的第三方库。

⑤ pip install –upgrade pip：更新 pip 命令工具。

微课 1-1
搭建 Python
运行环境

【任务实施】

资源包

下面进行 Python 3.6 安装。

步骤 1：下载和安装 Python 3.6+。

使用 Windows 7 或 Windows 10 的 64 位系统，从 https://www.python.org/downloads/windows/ 下载 Windows x86-64 executable installer。确保下载的 Python 版本是 3.6 或更高版本。下载完成后，双击安装包启动安装程序。在第一个界面上，选中"Add Python 3.6 to PATH"复选框，以便在安装过程中将 Python 安装路径添加到系统环境变量的 Path 变量中，如图 1-1 所示。

单击"Install Now"按钮，接受默认设置，完成 Python 运行环境的安装。安装完成之后打开系统的 cmd 文本框，验证安装是否成功，主要是查看环境变量是否设置好。在 cmd 文本框中输入"python"并按 Enter 键，如果出现 Python 的版本号，则说明环境就绪。

步骤 2：配置 pip 国内源路径，并安装指定的第三方包。

在 Windows 的当前用户目录（一般是 C:\Users\用户名）下，创建一个名为 pip 的文件夹，在 pip 文件夹下创建一个名为 pip.ini 的文件，文件内容如下。

图 1-1　选中"Add Python 3.6 to PATH"复选框

```
[global]
trusted-host=mirrors.aliyun.com
index-url=http://mirrors.aliyun.com/pypi/simple/
```

以上代码使用阿里云镜像源作为 pip 包的安装源，也可以使用其他镜像源，如清华或华为的镜像源。

接下来使用 pip install 命令安装软件包。以管理员权限打开一个 Windows 命令行（或者 PowerShell）终端，依次运行下列命令以安装必要的 Python 包。

```
pip install numpy
pip install scipy
pip install pandas
pip install matplotlib
pip install scikit-learn
```

安装完毕后，可以运行 pip list 命令检查安装的软件包。

```
pip list
```

任务 1.2　安装和配置 VS Code 开发环境

【任务目标】

① 完成 VS Code 的下载和安装。

PPT：任务 1.2 安装和配置 VS Code 开发环境

微课 1-2
安装和配置
VS Code 开发
环境

② 完成 Python 插件的安装。

③ 熟练掌握 Python 程序的编写、运行和调试。

【知识准备】

Visual Studio Code（VS Code）是由微软公司发布的开源、免费、轻量级、跨平台的开发工具。它可以运行于 Windows、MacOS 和 Linux 系统上，并且通过插件支持 Python、JavaScript、C#、C/C++、Java、SQL 等多种编程语言和平台。本项目及后续项目推荐使用 VS Code 作为开发环境。读者也可以选择 PyCharm 等其他 IDE 作为开发环境。

【任务实施】

接下来，安装 VS Code 软件，并配置编译环境，使用 VS Code 软件调试 Python 程序。

资源包

步骤 1：下载和安装 VS Code。

从 https://code.visualstudio.com/下载 64 位安装包，接受一切默认设置，完成 VS Code 安装，然后启动 VS Code 以安装插件。

首先安装中文语言包插件。在 VS Code 界面上，单击左侧的"扩展"图标打开"扩展"面板，然后在文本框中输入"Chinese"后按 Enter 键，在搜索结果列表中选择"Chinese (Simplified)Lang"选项，并单击"安装"按钮，如图 1-2 所示。

图 1-2　安装中文语言包

接下来安装 Python 插件。在此搜索 Python，然后安装微软公司提供的 Python 插件，如图 1-3 所示。

安装完毕后，可能需要重新启动 VS Code 才能生效。

步骤 2：编写和运行 Python 代码。

图 1-3　安装 Python 插件

在期望存放代码的位置创建一个代码目录（如 D:\demo），启动 VS Code，然后选择“文件”→“打开文件夹”菜单命令，打开“打开文件夹”对话框，选择该代码目录，如图 1-4 所示。

图 1-4　创建和打开代码目录

在 VS Code 的资源管理器中，打开 demo 目录，在空白位置右击，在弹出的快捷菜单中选择“新建文件”命令，如图 1-5 所示，并输入文件名（如 test.py）。

在右侧窗格的代码编辑器中，输入 Python 代码并保存，然后选择“运行”→“以非调试模式运行”菜单命令（或按 Ctrl+F5 快捷键）以运行程序，如图 1-6 所示。

图 1-5　新建代码文件

图 1-6　运行代码

VS Code 将运行代码，并在"终端"窗口中输出运行结果，如图 1-7 所示。

图 1-7　代码输出结果

步骤 3：调试代码。

首先在源代码中的适当位置设置断点，即在期望设置断点的行号之前单击，使之出现一个断点标识（红色圆点），如图 1-8 所示。

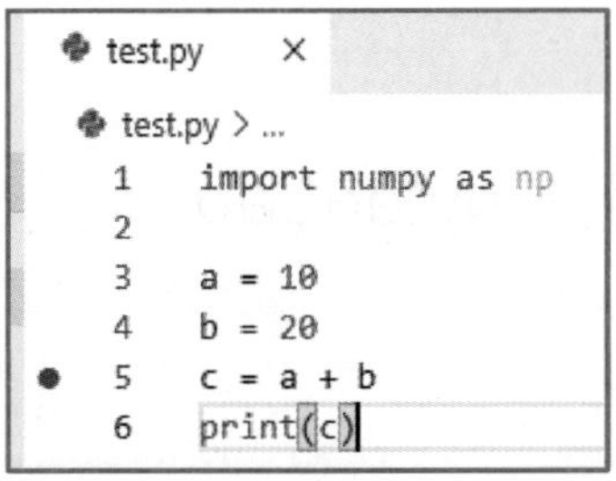

图 1-8　设置断点

然后按 F5 键启动调试，并且在弹出的"选择调试配置"窗口中，选择第一项，即"Python 文件 调试打开的 Python 文件"选项，如图 1-9 所示。

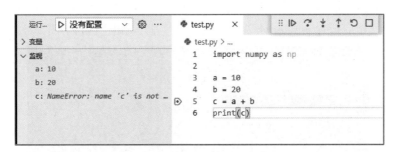

图 1-9　启动调试

等待调试器启动后，程序将运行至断点所在行，此时可以观察相应的变量值。打开左侧的"监视"窗口，双击空白处并输入期望查看的变量值（如 a、b），如图 1-10 所示。

图 1-10　查看变量值

按 F10 键，或单击调试工具栏上的第 2 个按钮，即"单步跳过"按钮，可让调试器执行完当前代码行，并跳到下一行。按 F5 键，运行到下一个断点或者运行到程序结束。

任务 1.3　安装和使用 Jupyter Lab

【任务目标】

PPT：任务 1.3
安装和使用
Jupyter Lab

① 掌握使用 pip 安装 Jupyter Lab 的方法。

② 掌握在 Jupyter Lab 中编写和运行 Python 代码。

【知识准备】

Jupyter Lab 提供了在 Web 界面上编写和运行 Python 等语言程序代码的能力，并且能够将程序代码与图文内容混排在一个页面文件中。Jupyter Lab 不仅支持 Python 语言，而且可以通过插件支持 R、JavaScript，甚至 C#、Java、C/C++等语言。

【任务实施】

微课 1-3
安装和使用
Jupyter Lab

安装 Jupyter Lab，使用 Jupyter Lab 创建编程界面，其主要操作步骤如下：

步骤 1：安装 Jupyter Lab。

打开命令行，通过 pip 命令即可安装：

```
pip install jupyterlab
```

步骤 2：启动 Jupyter Lab。

在期望存放代码的位置创建一个代码目录（如 D:\demo），打开命令行窗口，并跳转到该代码目录下，然后运行 jupyterlab 命令，启动服务器，如图 1-11 所示。

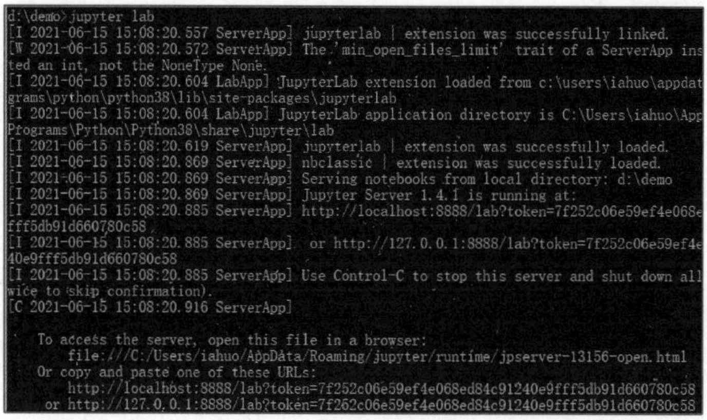

图 1-11　从指定目录启动 Jupyter Lab

之后，Jupyter Lab 服务器将自动启动浏览器，如图 1-12 所示。

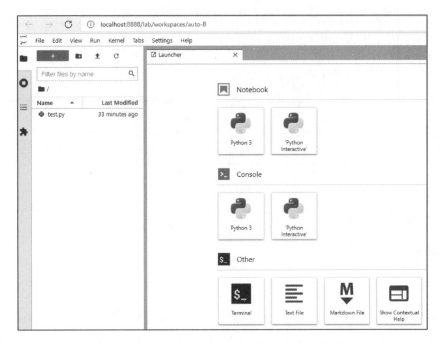

图 1-12 Jupyter Lab 启动浏览器界面

步骤 3：创建编程界面（Notebook）。

在"Launcher"界面中，单击"Nodebook"组中的"Python"图标以创建一个可以运行 Python 代码的 Notebook，然后在代码窗格中输入 Python 代码，如图 1-13 所示。

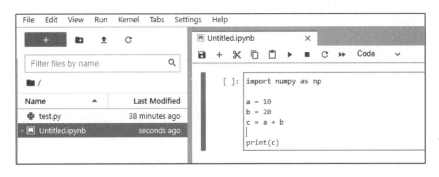

图 1-13 Notebook 代码编辑器

步骤 4：创建编程界面（Notebook）。

单击 Notebook 界面工具条中的"运行"按钮，即可运行当前代码窗格中的代码，并将运行结果显示在窗格下方，如图 1-14 所示。

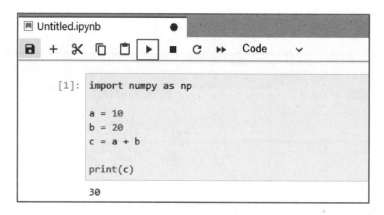

图 1-14 运行代码并查看结果

项目总结

本项目完成了在 Windows 上 Python 运行、开发环境的构建，并且能够通过 VS Code 和 Jupyter Lab 两种方式编写、运行和调试 Python 代码。在后续项目中，读者可根据自己的情况选择合适的工具。

课后练习

文本：参考答案

一、选择题

1. 下列关于 Python 程序格式框架的描述中，错误的是（   ）。

   A．Python 语言的缩进可以采用 Tab 键实现

   B．Python 单层缩进代码属于之前最邻近的一行非缩进代码，多层缩进代码根据缩进关系决定所属范围

   C．判断、循环、函数等语法形式能够通过缩进包含一批 Python 代码，进而表达对应的语义

   D．Python 语言不采用严格的"缩进"来表明程序的格式

2. 下列关于缩写命名的说法中，错误的是（   ）。

   A．text 缩写为 txt

   B．function 缩写为 func

C．object 缩写为 obj

D．number 缩写为 num

3．避免使用不易理解的数字，使用有意义的标识来替代，即消除魔鬼数字，下列属于魔鬼数字的是（　　）。

A．Trunk[index].trunk_state = 1

B．if Trunk[index].trunk_state == TRUNK_IDLE:

C．Trunk[index].trunk_state = TRUNK_BUSY

D．OutPutBuff[MAX_BUFF_SIZE]

4．Python 语句中将一行语句分为多行显示的符号是（　　）。

A．\　　　　　　B．/　　　　　　C．;　　　　　　D．,

5．Python 中单行注释使用（　　）符号开头。

A．#!　　　　　　B．#　　　　　　C．*　　　　　　D．/**

6．Python 网络编程使用（　　）函数来指定服务的端口。

A．listen　　　　B．send　　　　　C．accept　　　　D．bind

7．下面代码的输出结果是（　　）。

```
#!/usr/bin/python
# -*- coding: UTF-8 -*-


a = "Hello"
print (a * 2) 输出结果：_____
```

A．a * 2 输出结果：Hello2

B．a * 2 输出结果：Hello*2

C．a * 2 输出结果：Hello*

D．a * 2 输出结果：HelloHello

8．Python 不支持（　　）数字类型。

A．long　　　　　B．float　　　　C．complex　　　　D．double

9．str(x)函数的作用是（　　）。

A．将对象 x 转换为表达式字符串　　　B．复制字符串 x

C．将对象 x 转换为字符串　　　D．将字符串 x 转为对象

10．下列关于 Python 字典（Dictionary）的说法中，错误的是（　　）。

A. 字典是一种不可变容器模型，且可存储任意类型对象

B. 字典的每个键值（key=>value）对用冒号（:）分割

C. 键必须是唯一的，但值则不必

D. 值可以取任何数据类型，但键必须是不可变的，如字符串、数字或元组

二、填空题

1. Python 安装扩展库常用的是_____工具。

2. Python 标准库 math 中用来计算平方根的函数是_____。

3. Python 程序文件扩展名主要有_____和_____两种，其中后者常用于 GUI 程序。

4. Python 源代码程序编译后的文件扩展名为_____。

5. 使用 pip 工具升级科学计算扩展库 numpy 的完整命令是_____。

6. 使用 pip 工具查看当前已安装的 Python 扩展库的完整命令是_____。

7. 在 IDLE 交互模式中浏览上一条语句的快捷键是_____。

8. 为了提高 Python 代码运行速度和进行适当的保密，可以将 Python 程序文件编译为扩展名为_____的文件。

9. 在 Python 中_____表示空类型。

10. 列表、元组、字符串是 Python 的_____序列。

三、判断题

1. Python 是一种跨平台、开源、免费的高级动态编程语言。　　　　（　　）

2. Python 3.x 完全兼容 Python 2.x。　　　　（　　）

3. Python 3.x 和 Python 2.x 唯一的区别就是：print 在 Python 2.x 中是输出语句，而在 Python 3.x 中是输出函数。　　　　（　　）

4. 在 Windows 平台上编写的 Python 程序无法在 UNIX 平台运行。　　　　（　　）

5. 不可以在同一台计算机上安装多个 Python 版本。　　　　（　　）

6. 已知 x = 3，那么赋值语句 x = 'abcedfg' 是无法正常执行的。　　　　（　　）

7. 继承自 threading.Thread 类的派生类中不能有普通的成员方法。　　　　（　　）

8. 加法运算符可以用来连接字符串并生成新字符串。　　　　（　　）

9. 9999**9999 这样的命令在 Python 中无法运行。　　　　（　　）

10. 3+4j 不是合法的 Python 表达式。　　　　（　　）

四、简答题

1. Python 是如何进行内存管理的？

2. 简述 Python 解释器、Java 虚拟机的区别。

项目2　设计和编写应用程序

学习目标

在掌握 Python 编程语言和语言特性的基础上，熟练编写基于命令行的应用程序。

① 能够根据业务需求设计和实现程序流程。

② 掌握 Python 内建的库函数。

③ 能够通过模块、类、函数等合理地分解功能需求。

项目介绍

本项目通过一系列实验，引导读者快速掌握 Python 的基本编程任务，具体如下。

① 分支、循环流程和控制语句。

② 字符串的定义和操作函数。

③ 内建的数据结构。

④ 文件和文件系统的操作函数。

⑤ 异常处理。

⑥ 使用函数和模块分解程序功能。

⑦ 定义和使用类与对象实例。

任务 2.1 实现程序流程控制

【任务目标】

① 熟练使用以 if 为代表的条件语句及其变体。

② 熟练使用以 while 和 for 为代表的循环语句。

③ 合理选择 break、continue 和 pass 语句控制程序流程。

PPT：任务 2.1
实现程序流程
控制

【知识准备】

Python 条件语句是通过一条或多条语句的执行结果（True 或者 False）来决定执行的代码块。条件语句最基本的形式如下。

```
if 判断条件:
    执行语句……
else:
    执行语句……
```

微课 2-1
实现程序流程
控制

如果有多个条件判断，则可以写成：

```
if 判断条件 1:
    执行语句 1…
elif 判断条件 2:
    执行语句 2…
elif 判断条件 3:
    执行语句 3…
else:
    执行语句 4…
```

如果只做单个判断，则可以简写成：

```
if 判断条件: 执行语句
```

循环语句允许执行一个语句或语句组多次。其中，while 语句的基本格式如下。

```
while 判断条件(condition):
```

执行语句(statements)…

for 循环的基本格式如下。

```
for iterating_var in sequence:
    statements(s)
```

循环语句允许嵌套，例如：

```
for iterating_var1 in sequence1:
    for iterating_var2 in sequence2:
        statements1(s)
    statements2(s)


while expression1:
    while expression2:
        statement1(s)
    statement2(s)
```

在循环中，如果希望中止执行，可以使用 break 语句；如果只是希望跳过当前语句，则可以使用 continue 语句，程序将运行循环的下一个迭代语句。

pass 语句不执行任何代码，一般作为占位符。例如，当定义了某个函数，但暂时不实现该函数时，可以使用 pass 作为占位符，留待后续用实际代码替换该占位符。

【任务实施】

源代码

1. 猜拳游戏

"石头、剪刀、布"是猜拳的一种，在游戏规则中，石头胜剪刀，剪刀胜布，布胜石头。要求如下。

① 生成随机数，导入随机数 random 包。

② 需要构建函数接收用户输入的一个数字 0 或 1 或 2（分别是 0 代表剪刀，1 代表石头，2 代表布）。

③ 判断用户获胜的情况，并输出结果，文本描述计算机生成随机数和用户获胜、平局、输了 3 种状态。

步骤 1：生成随机数。

导入 random 包，并随机生成一个数字，数字在 0、1、2 范围内，并将随机生成的数字作为计算机出拳头状态的数字表示，并使用变量 computer 进行存储。

```
import random
computer = random.randint(0, 2)
```

步骤 2：接收用户输入。

通过 input 函数进行变量接收，实现用户输入拳头状态，并且使用整型变量 player 进行存储。

输入时给用户提示"请输入(0 剪刀、1 石头、2 布):"。

```
player_input = input("请输入(0 剪刀、1 石头、2 布):")
player = int(player_input) #这里 int 代表输入变量为整型
```

步骤 3：变量比较大小。

现在可以通过比较两个变量大小实现猜拳游戏，即计算机生成随机变量 computer 和用户输入变量 player 进行大小比较，这里需要用到 if…elif…else 分支语句判断游戏状态，主要逻辑判断如下。

① 若计算机生成的变量 computer 小于用户输入的变量 player（包含 computer=2, player=0），即用户赢得游戏，游戏界面打印"电脑出的拳头是（打印数字），恭喜，你赢了!"

② 若计算机生成的变量 computer 等于用户输入的变量 player，游戏界面打印"电脑出的拳头是（打印数字），打成平局了!"

③ 除以上两类情形外，都是计算机赢得游戏，游戏界面打印"电脑出的拳头是（打印数字），你输了，请再接再厉!"

这里的打印输出需要用到一个字符串格式化的语法知识点，即需要在打印时动态输出计算机出的拳头变量 computer 的数值。这里使用 s% 插入到打印的字符串中，起占位符的作用，具体代码实现如下。

```
if (player == 0 and computer == 2) or (player == 1 and computer == 0) \
        or (player == 2 and computer == 1):
    print("电脑出的拳头是%s，恭喜，你赢了!" % computer)
elif (player == 0 and computer == 0) or (player == 1 and computer == 1) \
        or (player == 2 and computer == 2):
    print("电脑出的拳头是%s，打成平局了!" % computer)
```

```
    else:
        print("电脑出的拳头是%s，你输了，请再接再厉！" % computer)
```

注意: 逻辑运算符 and 和 or 的使用，and 优先，但是在多种情况并列时建议使用小括号。

最后，将代码整合起来即可完成项目。

```python
import random
player_input = input("请输入(0 剪刀、1 石头、2 布):")

player = int(player_input)

computer = random.randint(0, 2)

if (player == 0 and computer == 2) or (player == 1 and computer == 0) \
        or (player == 2 and computer == 1):
    print("电脑出的拳头是%s，恭喜，你赢了!" % computer)
elif (player == 0 and computer == 0) or (player == 1 and computer == 1) \
        or (player == 2 and computer == 2):
    print("电脑出的拳头是%s，打成平局了!" % computer)
else:
    print("电脑出的拳头是%s，你输了，请再接再厉！" % computer)
```

由于电脑出的拳头是随机的，因此比赛结果可能会出现以下 3 种情况，具体如图 2-1～图 2-3 所示。

猜拳游戏 ×
C:\Users\bitc158\PycharmPr
请输入(0剪刀、1石头、2布): 0
电脑出的拳头是2,恭喜,你赢了!

猜拳游戏 ×
C:\Users\bitc158\PycharmProj
请输入(0剪刀、1石头、2布): 1
电脑出的拳头是1,打成平局了!

猜拳游戏 ×
C:\Users\bitc158\PycharmProje
请输入(0剪刀、1石头、2布): 2
电脑出的拳头是0,你输了,请再接再厉!

图 2-1　　　　　　　图 2-2　　　　　　　图 2-3

2. 计算自然数 1～100 中的偶数和

本案例需要计算自然数 1～100 中的偶数之和。首先，需要构建一个循环体，这里使用到 while 语句（for 语句也可以实现，请读者自行尝试），以上就是本案例的核心。要求如下。

① 生成一系列数字，数字为 1～100。

② 判断生成数字是否是偶数。

源代码

③ 使用一个变量保存偶数的和，并与判断为偶数的数字进行相加。

步骤 1：生成 1~100 的数字。

使用 while 循环语句，初始值赋值变量 i=0，循环条件是当 i=101 时，不满足判断条件，循环结束。

```
i = 0
While i < 101:
    i += 1
```

步骤 2：判断生成的数字是否是偶数。

偶数的判断条件是对 2 取余后是否为零，满足条件即为偶数，不满足条件为奇数。

```
if i % 2 == 0 # 即为偶数
```

步骤 3：求和。

使用一个变量 sum_result 用来保存数字相加的和，结合步骤 1 和步骤 2，进行代码整合。

```
sum_result = 0 # 初始为零


i = 0
while i < 101:
    if i % 2 == 0:
        sum_result += i
    i += 1
print("1~100 中的偶数之和为:%s" % sum_result)
```

本案例程序执行结果如图 2-4 所示。

3. 九九乘法表

可以使用 while 语句嵌套循环来打印九九乘法表。在使用 while 语句嵌套循环来实现时，使用变量 i 来控制行，变量 j 控制每行显示的表达式。要求如下。

① 生成两个 10 以内的整数，并按乘法表结构打印两个整数相乘。

② 按要求打印数字字符串行时，打印完乘法算式后以空格结束。

计算1~100中的偶数和 ×

C:\Users\bitc158\PycharmPro
1~100中的偶数之和为:2550

图 2-4

源代码

③ 每打印完一行乘法表后，需要打印换行符进行换行输出。

步骤 1：按乘法表规则生成两个数。

这里需要注意变量 i 从 1～10，而变量 j 的值是从 1 递增到 i。

```
i = 1
while i < 10:
    j = 1
    while j <= i:
        j += 1
```

步骤 2：打印两数相乘。

注意：每个算式的参数和运算符之间需要用空格隔开，如（i * j）。

```
i = 1
while i < 10:
    j = 1
    while j <= i:
        print("%d*%d=%-2d " % (i, j, i * j), end="")
        j += 1
    i += 1
```

步骤 3：优化格式。

这里需要在每行结束时打印输出一个换行符予以换行，所以加一行代码，代码整合后如下。

```
i = 1
while i < 10:
    j = 1
    while j <= i:
        print("%d*%d=%-2d " % (i, j, i * j), end="")
        j += 1
    print("\n")
    i += 1
```

运行结果如图 2-5 所示。

```
九九乘法表 ×
C:\Users\bitc158\PycharmProjects\untitled2\venv\Scripts\python.e
1*1=1

2*1=2  2*2=4

3*1=3  3*2=6  3*3=9

4*1=4  4*2=8  4*3=12 4*4=16

5*1=5  5*2=10 5*3=15 5*4=20 5*5=25

6*1=6  6*2=12 6*3=18 6*4=24 6*5=30 6*6=36

7*1=7  7*2=14 7*3=21 7*4=28 7*5=35 7*6=42 7*7=49

8*1=8  8*2=16 8*3=24 8*4=32 8*5=40 8*6=48 8*7=56 8*8=64

9*1=9  9*2=18 9*3=27 9*4=36 9*5=45 9*6=54 9*7=63 9*8=72 9*9=81
```

图 2-5

任务 2.2　处理文本字符串

【任务目标】

① 掌握字符串的输入和输出。

② 会使用切片的方式访问字符串中的值。

③ 掌握常见字符串的内建函数。

【知识准备】

PPT：任务 2.2
处理文本
字符串

微课 2-2
字符串的表示
形式

1. 字符串的表示形式

字符串是 Python 中最常用的数据类型，使用引号（单引号或双引号）来创建。Python 没有字符类型，即使只表示一个字符，也当成字符串处理。

访问字符串中的子串，一般使用方括号并给定下标的起始和终止索引。

在字符串中需要使用特殊字符时，以反斜杠（\）作为转义起始。常见的转义字符见表 2-1。

表 2-1　部分转义字符

转义字符	代表含义
\(在行尾时)	反斜杠符号
\\	反斜杠符号

续表

转义字符	代表含义
\"	双引号
\n	换行
\b	退格
\t	横向制表符

使用三引号可以将复杂的字符串进行赋值。三引号允许一个字符串跨多行，字符串中可以包含换行符、制表符以及其他特殊字符。

Python 支持格式化字符串的输出，其基本用法是使用格式化符号。常见的格式化符号见表 2-2。

表 2-2　字符串输出的格式化符号

格式化符号	转换
%s	通过 str( ) 字符串转换来格式化
%d	有符号十进制整数
%f	浮点实数

下面例子展示如何使用格式化符号输出变量值。

```
print("My name is %s and weight is %d kg!" % ('Jerry', 21))
```

2. 常见的字符串操作函数

（1）find 方法

检测字符串中是否包含子字符串 str，如果指定 beg（开始）和 end（结束）范围，则检查子字符串是否包含在指定范围内，如果包含子字符串，返回开始的索引值，否则返回-1。

语法格式：

```
str.find(str, beg=0, end=len(string))
```

函数说明：

str：指定检索的字符串。

beg：开始索引，默认为 0。

end：结束索引，默认为字符串的长度。

返回值：如果包含子字符串，返回开始的索引值，否则返回-1。

实例代码：

微课 2-3
常见的字符串
操作函数

```
str1 = "this is string example....wow!!!"
str2 = "exam"

print(str1.find(str2))
print(str1.find(str2, 10))
print(str1.find(str2, 40))
```

输出结果：

```
15
15
-1
```

（2）index 方法

与 find 方法类似，只不过如果 str 不在 string 中会报一个异常。

（3）count 方法

统计字符串里某个字符或子字符串出现的次数。可选参数为在字符串搜索的开始与结束位置。

语法格式：

```
str.count(sub, start= 0,end=len(string))
```

函数说明：

sub：搜索的子字符串。

start：字符串开始搜索的位置。默认为第 1 个字符，第 1 个字符索引值为 0。

end：字符串中结束搜索的位置。字符串中第 1 个字符的索引为 0。默认为字符串的最后一个位置。

返回值：子字符串在字符串中出现的次数。

实例代码：

```
str = "this is string example....wow!!!"

sub = "i"
print "str.count(sub, 4, 40) : ", str.count(sub, 4, 40)
sub = "wow"
```

```
print("str.count(sub) : ", str.count(sub))
```

输出结果：

```
str.count(sub, 4, 40) :    2
str.count(sub) :    1
```

（4）replace 方法

字符串中的 old（旧字符串）替换成 new（新字符串），如果指定第 3 个参数 max，则替换不超过 max 次。

语法格式：

```
str.replace(old, new[, max])
```

函数说明：

old：将被替换的子字符串。

new：新字符串，用于替换 old 子字符串。

max：替换次数，可选参数，表示替换不超过 max 次。

返回值：返回字符串中的 old（旧字符串）替换成 new（新字符串）后生成的新字符串。

实例代码：

```
str = "this is string example....wow!!! this is really string"
print(str.replace("is", "was"))
print(str.replace("is", "was", 3))
```

输出结果：

```
thwas was string example....wow!!! thwas was really string
thwas was string example....wow!!! thwas is really string
```

（5）split 方法

通过指定分隔符对字符串进行切片，如果参数 num 有指定值，则分隔 num+1 个子字符串。

语法格式：

```
str.split(str="", num=string.count(str))
```

函数说明：

str：分隔符，默认为所有的空字符，包括空格、换行（\n）、制表符（\t）等。

num：分割次数。默认为 –1，即分隔所有。

返回值：返回分割后的字符串列表。

实例代码：

```
str = "Line1-abcdef \nLine2-abc \nLine4-abcd"
print(str.split( ))          # 以空格为分隔符，包含 \n
Print(str.split(' ', 1 ))     # 以空格为分隔符，分隔成两个
```

输出结果：

```
['Line1-abcdef', 'Line2-abc', 'Line4-abcd']
['Line1-abcdef', '\nLine2-abc \nLine4-abcd']
```

（6）strip 方法

删除字符串头尾指定的字符（默认为空格或换行符）或字符序列。

语法格式：

```
str.strip([chars]);
```

函数说明：

chars：删除字符串头尾指定的字符序列。

返回值：返回删除字符串头尾指定的字符生成的新字符串。

实例代码：

```
str = "00000003210Python01230000000"
print(str.strip( '0' ))               # 删除首尾字符 0
str2 = "    Python        "            # 删除首尾空格
print(str2.strip( ))
```

输出结果：

```
3210Python0123
Python
```

（7）lstrip/rstrip 方法

删除字符串头/尾指定的字符（默认为空格或换行符）或字符序列。

（8）capitalize 方法

将字符串的第 1 个字母转换为大写，其他字母转换为小写，该函数返回一个首字母大写的字符串。

（9）title 方法

返回"标题化"的字符串，即所有单词的首字母都为大写，其余字母均为小写。

（10）startswith/endswith 方法

检查字符串是否是以指定子字符串开头（结尾），如果是，返回 True，否则返回 False。

语法格式：

```
str.startswith(substr, beg=0,end=len(string))
```

函数说明：

str：检测的字符串。

substr：指定的子字符串。

strbeg：可选参数，用于设置字符串检测的起始位置。

strend：可选参数，用于设置字符串检测的结束位置。

返回值：如果检测到字符串，返回 True，否则返回 False。

实例代码：

```
str = "this is string example....wow!!!"
print (str.startswith( 'this' ))        # 字符串是否以 this 开头
print (str.startswith( 'string', 8 ))   # 从第 9 个字符开始的字符串是否以 string 开头
print (str.startswith( 'this', 2, 4 ))  # 从第 2 个字符开始到第 4 个字符结束的字符串是否以
                                        # this 开头
```

输出结果：

```
True
True
False
```

（11）upper/lower 方法

将字符串中的小写字母转换为大写字母（或反之），返回转换后的字符串。

（12）isdigit/isalpha/isalnum 方法

判断字符串是否全是数字/字母/数字或字母。

【任务实施】

1. 统计单词个数

输入一行字符，统计其中有多少个单词，每两个单词之间以空格隔开，如输入为"This

is a C++ program.",则输出为 "There are 5 words in the line"。

要求如下。

① 命名变量 str,用于接收用户输入字符串。

② 将变量 str 按空格进行分隔,分隔后的每个元素存储在列表中。

③ 统计列表中元素的个数,并打印输出用户输入字符串中单词的个数。

步骤 1:接收用户输入。

新建变量 str 接收用户输入的英文语句,并输出提示语句 "请输入一行英文字符:"。

```
str = input('请输入一行英文字符:')
```

步骤 2:将用户输入的语句进行分隔。

将用户输入的字符串使用 split( )函数进行分隔,分隔后的单词存入列表 arr 中。

```
str = input('请输入一行英文字符:')
arr = str.split( )
```

步骤 3:统计单词个数并输出。

这里需要使用 count( )函数统计列表长度,并打印输出,同时,在打印输出语句中运用 %d 占位符实现动态输出。

```
str = input('请输入一行英文字符:')
arr = str.split( )
count = len(arr)
print('There are %d words in the line' % count)
```

2. 分类型统计字符数量

输入一行字符,分别统计其中大写字母数、小写字母数、数字字符数和其他字符数,要求如下。

① 新建变量 str,用于接收用户输入的一行英文语句。

② 新建 upper_count、lower_count、digit_count、other_count 4 个变量分别接收大写字母数、小写字母数、数字字符数和其他字符数,初始值均为零。

③ 循环遍历用户所输入的字符串,运用字符串函数 isupper( )、islower( )、isdigit( )分别判断字符串中字符是否为大写字母、小写字母或数字字符,是则返回 True。

④ 统计变量数量并通过占位符打印输出 "大写字母数:%d, 小写字母数:%d, 数字数:%d, 其他字符数:%d"。

源代码

步骤 1：打印提示语句。

这里打印提示"请输入一行英文字符:"，并接收英文字符文本。

```
str = input('请输入一行英文字符：')
```

步骤 2：定义变量并初始化。

定义 4 个初始化变量，初始值均为 0。

```
upper_count = 0
lower_count = 0
digit_count = 0
other_count = 0
```

步骤 3：统计变量数量。

利用 for 循环语句遍历用户输入的英文字符文本，在循环体内使用 if…elif 条件判断语句进行变量统计，每返回一个 True 值变量累加 1，并通过 +=1 来实现变量累加。

```
for c in str:
    if c.isdigit( ):
        digit_count += 1
    elif c.isupper( ):
        upper_count += 1
    elif c.islower( ):
        lower_count += 1
    else:
        other_count +=1
```

步骤 4：打印输出结果。

打印输出结果，在这里提示语句中运用了占位符 %d，实现变量输出。

```
print("大写字母数：%d, 小写字母数：%d, 数字数：%d, 其他字符数：%d"
    %(upper_count,lower_count,digit_count,other_count))
```

整合以上逻辑和代码，项目的实施代码如下。

```
str = input('请输入一行英文字符：')
upper_count = 0
```

```
    lower_count = 0
    digit_count = 0
    other_count = 0
    for c in str:
        if c.isdigit( ):
            digit_count += 1
        elif c.isupper( ):
            upper_count += 1
        elif c.islower( ):
            lower_count += 1
        else:
            other_count +=1
    print("大写字母数：%d, 小写字母数：%d, 数字数：%d, 其他字符数：%d"
        %(upper_count,lower_count,digit_count,other_count))
```

任务 2.3　使用内建数据结构存储数据

【任务目标】

① 掌握列表的概念及其常见操作。

② 掌握列表的嵌套使用。

③ 掌握元组的使用。

④ 掌握字典的概念及其常见操作。

PPT：任务 2.3
使用内建数据结构
存储数据

【知识准备】

1. 列表（list）

列表可以存储不同类型的数据，并且可以通过下标索引的方式访问元素，还可以使用 for 和 while 循环进行遍历。其常见操作如下。

（1）del 方法

可以使用 del 方法来删除列表中的元素。

微课 2-4
列表

语法格式：

```
del list[n]
```

函数说明：

list：待操作的列表。

n：指定列表中的第 n 个元素。

返回值：新的列表。

实例代码：

```
list = ['Huawei', 'Alibaba', 'Tencent']


print ("原始列表：", list)
del list[2]
print ("删除第三个元素：", list)
```

输出结果：

```
原始列表：   ['Huawei', 'Alibaba', 'Tencent']
删除第三个元素：   ['Huawei', 'Alibaba']
```

（2）append 方法

在列表末尾一次性追加另一个序列中的多个值（用新列表扩展原来的列表）。

语法格式：

```
list.extend(seq)
```

函数说明：

seq：添加到列表末尾的对象。

返回值：无返回值，但是会修改原来的列表。

实例代码：

```
list1 = ['Huawei', 'Alibaba', 'Tencent']
list1.append('Baidu')
print ("更新后的列表：", list1)
```

输出结果：

```
更新后的列表：   ['Huawei', 'Alibaba', 'Tencent', 'Baidu']
```

（3）extend 方法

在列表末尾添加新的对象。

语法格式：

```
list.append(obj)
```

函数说明：

obj：元素列表，可以是列表、元组、集合、字典，若为字典，则仅会将键（key）作为元素依次添加至原列表的末尾。

返回值：没有返回值，但会在原列表中添加新的列表内容。

实例代码：

```
list1 = ['Huawei', 'Alibaba', 'Tencent']
list2=list(range(5))  # 创建 0-4 的列表
list1.extend(list2)    # 扩展列表
print ("扩展后的列表：", list1)
```

输出结果：

```
扩展后的列表：  ['Huawei', 'Alibaba', 'Tencent', 0, 1, 2, 3, 4]
```

（4）insert 方法

将指定对象插入列表的指定位置。

语法格式：

```
list.insert(index, obj)
```

函数说明：

index：对象 obj 需要插入的索引位置。

obj：要插入列表中的对象。

返回值：没有返回值，但会在列表指定位置插入对象。

实例代码：

```
list1 = ['Huawei', 'Alibaba', 'Tencent']
list1.insert(1, 'Baidu')
print ('列表插入元素后为 : ', list1)
```

输出结果：

列表插入元素后为：　['Huawei', 'Baidu', 'Alibaba', 'Tencent']

（5）count 方法

统计某个元素在列表中出现的次数。

语法格式：

list.count(obj)

函数说明：

obj：列表中要统计的对象。

返回值：返回元素在列表中出现的次数。

实例代码：

```
aList = [123, 'Huawei', 'Alibaba', 'Tencent', 123];


print ("123 元素个数 : ", aList.count(123))
print ("Huawei 元素个数 : ", aList.count('Huawei'))
```

输出结果：

```
123 元素个数 :　2
Huawei 元素个数 :　1
```

（6）index 方法

从列表中找出某个值的第 1 个匹配项的索引位置。

语法格式：

list.index(x[, start[, end]])

函数说明：

x：查找的对象。

start：可选，查找的起始位置。

end：可选，查找的结束位置。

返回值：返回查找对象的索引位置，如果没有找到对象，则抛出异常。

实例代码：

```
list1 = ['Huawei', 'Alibaba', 'Tencent']
print ('Huawei 索引值为', list1.index('Huawei'))
```

```
print ('Alibaba 索引值为', list1.index('Alibaba'))
```

输出结果：

```
Huawei 索引值为 1
Alibaba 索引值为 2
```

（7）pop 方法

删除列表中的一个元素（默认最后一个元素），并且返回该元素的值。

语法格式：

```
list.pop([index=-1])
```

函数说明：

index：可选参数，要删除列表元素的索引值，不能超过列表总长度，默认 index=-1，删除最后一个列表值。

返回值：返回从列表中删除的元素对象。

实例代码：

```
list1 = ['Huawei', 'Alibaba', 'Tencent']
list1.pop( )
print ("列表现在为 : ", list1)
list1.pop(1)
print ("列表现在为 : ", list1)
```

输出结果：

```
列表现在为 :  ['Huawei', 'Alibaba']
列表现在为 :  ['Huawei']
```

（8）remove 方法

移除列表中某个值的第 1 个匹配项。

语法格式：

```
list.remove(obj)
```

函数说明：

obj：列表中要移除的对象。

返回值：没有返回值，但是会移除列表中的某个值的第 1 个匹配项。

实例代码：

```
list1 = ['Huawei', 'Alibaba', 'Tencent', 'Baidu']
list1.remove('Alibaba')
print ("列表现在为 : ", list1)
list1.remove('Baidu')
print ("列表现在为 : ", list1)
```

输出结果：

列表现在为 :　['Huawei', 'Tencent', 'Baidu']

列表现在为 :　['Huawei', 'Tencent']

（9）reverse 方法

反向排列列表中的元素。

语法格式：

```
list.reverse( )
```

函数说明：

返回值：没有返回值，直接对列表的元素进行反向排序。

实例代码：

```
list1 = ['Huawei', 'Alibaba', 'Tencent', 'Baidu']
list1.reverse( )
print ("列表反转后: ", list1)
```

输出结果：

列表反转后 :　['Baidu', 'Tencent', 'Alibaba', 'Huawei']

（10）sort 方法

对原列表进行排序，如果指定参数，则使用指定的比较函数。

语法格式：

```
list.sort( key=None, reverse=False)
```

函数说明：

key：主要是用来进行比较的元素，只有一个参数，具体函数的参数取自于可迭代对象，指定可迭代对象中的一个元素进行排序。

reverse：排序规则，reverse = True 降序， reverse = False 升序（默认）。

返回值：没有返回值，但是会对列表的对象按指定规则进行排序。

实例代码：

```
list1 = ['Huawei', 'Alibaba', 'Tencent', 'Baidu']
list1.sort( )
print ( "List : ", list1)
```

输出结果：

```
List :    ['Alibaba', 'Baidu', 'Huawei', 'Tencent']
```

（11）clear 方法

清空列表，类似于 del a[:]。

2．元组（tuple）

元组使用圆括号包含元素，元素不能修改，也不能删除。可通过下标索引访问元素，也可通过 for 循环遍历。其常见操作如下。

（1）len

计算元素个数。

（2）max/min

返回最大（小）元素。

（3）tuple

把列表转换为元组。

微课 2-5
元组与字典

实例代码：

```
list1= ['Huawei', 'Alibaba', 'Tencent', 'Baidu']
tuple1=tuple(list1)
print(tuple1)
```

输出结果：

```
('Google', 'Taobao', 'Runoob', 'Baidu')
```

3．字典（dict）

字典是一种可变容器模型，且可存储任意类型的对象。字典的每个键值 key=>value 对用冒号（:）分隔，每个对之间用逗号（,）分隔，整个字典包括在花括号 {} 中。存放键值对，键必须唯一，值可以是任何类型。若想获取字典中的某个值，可以根据键来访问，也可以修改值。但若使用字典中不存在的键访问值，则程序会抛出异常。其常见操作如下。

（1）添加/修改键值对

若字典中不存在这个键，则会在字典中新增加一个键值对，否则会修改键对应的值。

实例代码：

```
dict = {'Name': 'Jerry', 'Age': 27, 'Job': 'Developer'}


dict['Age'] = 38                # 更新 Age
dict['Company'] = "ICSS"        # 添加信息


print ("dict['Age']: ", dict['Age'])
print ("dict['Company']: ", dict['Company'])
```

输出结果：

```
dict['Age']:    38
dict['Company']:    ICSS
```

（2）删除字典元素

使用 del 关键字并指定键，可以删除该键值对；直接使用 del 关键字删除字典变量，会清空所有元素并释放该字典对象；使用 clear 方法可以清空字典中的所有元素。

实例代码：

```
dict = {'Name': 'Jerry', 'Age': 27, 'Job': 'Developer'}

del dict['Name']     # 删除键 'Name'
print ("dict['Name']: ", dict['Name'])

dict.clear( )          # 清空字典
del dict             # 删除字典
print ("dict['Job']: ", dict['Job'])
```

输出结果：

```
# 第 1 个 print 语句产生异常，因为 Name 键已经不存在
```

```
# 第 2 个 print 语句产生异常，因为整个字典对象都已经不存在
```

（3）get 方法

函数返回指定键的值。

语法格式：

```
dict.get(key, default=None)
```

函数说明：

key：字典中要查找的键。

default：如果指定的键不存在时，返回该默认值。

返回值：如果键不在字典中，返回默认值 None，或者指定的默认值。

实例代码：

```
dict = {'Name': 'Jerry', 'Age': 27}


print ("Age  值为 : %s" %   dict.get('Age'))
print ("Job  值为 : %s" %   dict.get('Job', "NA"))
```

输出结果：

```
Age  值为 : 27
Job  值为 : NA
```

（4）keys、values、items 方法

分别返回键集合、值集合、键值对集合的视图对象。视图对象不是列表，不支持索引，但可以使用 list( )将其转换为列表。

语法格式：

```
dict.get(key, default=None)
```

函数说明：

key：字典中要查找的键。

default：如果指定的键不存在时，返回该默认值。

返回值：如果键不在字典中，返回默认值 None，或者指定的默认值。

实例代码：

```
dishes = {'eggs': 2, 'sausage': 1, 'bacon': 1, 'spam': 500}
```

```
keys = dishes.keys( )
values = dishes.values( )


n = 0
for val in values:
    n += val
print(n)
```

输出结果：

```
504
```

（5）in 操作符

判断键是否存在于字典中，如果键在字典 dict 中，返回 True，否则返回 False。

语法格式：

```
key in dict
```

函数说明：

key：要在字典中查找的键。

如果键在字典中，返回 True，否则返回 False。

实例代码：

```
dict = {'Name': 'Jerry', 'Age': 27, 'Job': 'Developer'}


# 检测键 Age 是否存在
if  'Age' in dict:
    print("键 Age 存在")
else :
    print("键 Age 不存在")


# 检测键 Sex 是否存在
if  'Sex' in dict:
    print("键 Sex 存在")
else :
    print("键 Sex 不存在")
```

输出结果：

> 键 Age 存在
>
> 键 Sex 不存在

【任务实施】

接下来，完成一个打印收视率列表的任务案例，其应用列表和元组将以下电视剧按收视率由高到低进行排序。

> 《Give up,hold on to me》收视率：1.4%
>
> 《The private dishes of the husbands》收视率：1.343%
>
> 《My father-in-law will do martiaiarts》收视率：0.92%
>
> 《North Canton still believe in love》收视率：0.862%
>
> 《Impossible task》收视率：0.553%
>
> 《Sparrow》收视率：0.411%
>
> 《East of dream Avenue》收视率：0.164%
>
> 《The prodigal son of the new frontier town》收视率：0.259%
>
> 《Distant distance》收视率：0.394%
>
> 《Music legend》收视率：0.562%

要求如下。

① 定义列表变量，每个元素设定为一个元组变量，且元组由电视节目名称和收视率组成。

源代码

② 使用 sorted( )函数实现列表中各元组的排序，这里需要注意，项目要求从高到低顺序排序；排序过程中要求使用 lambda 函数实现。

③ 逐行打印输出结果，这里需要运用到字符串拼接，将元组按索引顺序进行输出。

步骤 1：定义变量。

定义变量 TV_plays，并将按项目要求排序的节目列表按元组和列表的数据格式进行存储。

```
TV_plays=[('《Give up，hold on to me》',1.4),
          ('《The private dishes of the husbands》',1.343),
          ('《My father-in-law will do martiaiarts》',0.92),
          ('《North Canton still believe in love》',0.862),
          ('《Impossible task》',0.553),
```

```
        ('《Sparrow》',0.411),
        ('《East of dream Avenue》',0.164),
        ('《Theprodigal son of the new frontier town》',0.259),
        ('《Distant distance》',0.394),
        ('《Music legend》',0.562),
        ]
```

步骤 2：列表排序。

```
sorted(TV_plays, key = lambda s : s[1] )
```

TV_plays 为需要进行排序的列表对象，key=lambda 变量:变量[维数]，其中元组变量 s:s[]字母可以随意修改，排序方式按照中括号[]里面的索引维度进行排序,[0]按照第一维排序，[1] 按照第二维排序，[2]按照第三维排序，依此类推，这里需要项目实施[1]里面的索引维度进行排序。

注意：项目要求从大到小顺序输出，因此这里要将 reverse 关键字设置为 True。

```
# 使用内置 sorted 方法进行降序排序
TV_plays=sorted(TV_plays, key=lambda s: s[1], reverse=True)
```

步骤 3：打印输出。

这里需要拼接字符串，字符串元素中的元组第 1 个维度为电视节目名称，第 2 个维度是数值，需要补全"%"后输出。

```
print('电视剧的收视率排行榜：')
# 循环输出电视剧信息
for TV_play in TV_plays:
    print(TV_play[0]+' 收视率：'+str(TV_play[1])+'%')
```

步骤 4：合并汇总。
结合以上实施步骤，汇总后项目代码如下。

```
TV_plays=[('《Give up，hold on to me》',1.4),
        ('《The private dishes of the husbands》',1.343),
        ('《My father-in-law will do martiaiarts》',0.92),
        ('《North Canton still believe in love》',0.862),
```

```
            ('《Impossible task》',0.553),

            ('《Sparrow》',0.411),

            ('《East of dream Avenue》',0.164),

            ('《Theprodigal son of the new frontier town》',0.259),

            ('《Distant distance》',0.394),

            ('《Music legend》',0.562),

            ]
# 使用内置 sorted 方法进行降序排序
TV_plays=sorted(TV_plays, key=lambda s: s[1], reverse=True)
print('电视剧的收视率排行榜：')
# 循环输出电视剧信息
for TV_play in TV_plays:
    print(TV_play[0]+' 收视率：'+str(TV_play[1])+'%')
```

任务 2.4　使用函数分解程序流程

【任务目标】

① 掌握函数的定义和调用方式。

② 掌握函数的参数和返回值。

③ 掌握函数的嵌套调用。

PPT：任务 2.4
使用函数分解
程序流程

【知识准备】

1. 函数定义的规则

① 函数代码块以 def 开头，后面紧跟的是函数名和圆括号。

② 函数名的命名规则跟变量的命名规则是一样的，即只能是字母、数字和下画线的任何组合，但不能以数字开头，且不能与关键字重名。

③ 函数的参数必须放在圆括号中。

④ 函数的第一行语句可以选择性地使用文档字符串来存放函数说明。

⑤ 函数内容以冒号起始，并且缩进。

微课 2-6
使用函数分解
程序流程

⑥ return 表达式结束函数，选择性地返回一个值给调用方。不带表达式的 return 相当于返回 None。

2. 参数传递

在 Python 中，strings、tuples 和 numbers 是不可更改（Immutable）的对象，而 list、dict 等则是可以修改（Mutable）的对象。这两种类型的对象在作为函数参数传递时，有下列行为：

（1）不可变类型

类似于按值传递，如整数、字符串、元组。例如 fun(a)，传递的只是 a 的值，而没有影响 a 对象本身。如果在 fun(a) 内部修改 a 的值，则是新生成一个 a 的对象。

实例代码：

```python
def change(a):
    a=10


a=1
change(a)
print(a)
```

输出结果：

```
1
```

（2）可变类型

类似引用传递，如列表、字典。例如 fun(la)，则是将 la 真正地传过去，修改后 fun 外部的 la 也会受影响。

实例代码：

```python
def changeme( a ):
    a.append([1,2,3,4])
    return


# 调用 changeme 函数
mylist = [10,20,30]
```

```
changeme( mylist )
change(mylist)
print(mylist)
```

输出结果:

```
[10, 20, 30, [1, 2, 3, 4]]
```

3. 参数类型

调用函数时可使用的正式参数类型有以下几种。

(1) 必需参数

必需参数须以正确的顺序传入函数。调用时的数量必须和声明时的数量一样。

(2) 关键字参数

关键字参数和函数调用关系紧密，函数调用使用关键字参数来确定传入的参数值。使用关键字参数允许函数调用时参数的顺序与声明时不一致，因为 Python 解释器能够用参数名匹配参数值。

实例代码:

```
def printinfo( name, age ):
    # "打印任何传入的字符串"
    print ("名字: ", name)
    print ("年龄: ", age)
    return

# 调用 printinfo 函数
printinfo( age=50, name="Jerry" )
```

输出结果:

```
名字: Jerry
年龄:  50
```

(3) 默认参数

调用函数时，如果没有传递参数，则会使用默认参数。

实例代码:

```
# 可写函数说明
def printinfo( name, age = 35 ):
    # "打印任何传入的字符串"
    print ("名字: ", name)
    print ("年龄: ", age)
    return

# 调用 printinfo 函数
printinfo( age=50, name="Jerry" )
printinfo( name="Jerry" )
```

输出结果:

```
名字:  Jerry
年龄:  50
名字:  Jerry
年龄:  35
```

（4）不定长参数

当需要处理比当初声明时更多的参数时使用。加了星号 * 的参数会以元组（tuple）的形式导入，存放所有未命名的变量参数。

实例代码:

```
def printinfo( arg1, *vartuple ):
    print (arg1)
    print (vartuple)

# 调用 printinfo 函数
printinfo( 70, 60, 50 )
```

输出结果:

```
70
(60, 50)
```

注意: 加了两个星号 ** 的参数会以字典的形式导入。

实例代码：

```
def printinfo( arg1, **vardict ):
    print (arg1)
    print (vardict)


# 调用 printinfo  函数
printinfo(1, a=2,b=3)
```

输出结果：

```
1
{'a': 2, 'b': 3}
```

4. 匿名函数

匿名函数不使用 def 语句这样标准的形式定义一个函数，而是使用 lambda 创建。

实例代码：

```
sum = lambda arg1, arg2: arg1 + arg2


# 调用 sum 函数
print ("相加后的值为：", sum( 10, 20 ))
print ("相加后的值为：", sum( 20, 20 ))
```

输出结果：

```
相加后的值为： 30
相加后的值为： 40
```

lambda 函数拥有自己的命名空间，且不能访问自己参数列表之外或全局命名空间中的参数。

【任务实施】

接下来完成函数功能分解的任务案例。

学生信息管理系统是针对学校学生处的大量业务处理工作而开发的管理软件，主要用于学校学生信息管理，其主要任务是用计算机对学生的各种信息进行日常管理，如增加、删除、修改、查询等。请编写一个程序实现学生管理系统。要求如下。

① 学生管理系统包括添加、删除、修改、显示、退出系统等功能，每个功能都对应着一个相应的序号，由用户通过键盘输入选择。

② 打印"学生管理系统"的功能菜单，提示用户选择功能序号。

③ 使用自定义函数实现每个功能。

④ 根据用户的选择，分别调用不同的函数，执行相应的功能。

⑤ 项目中使用字典来保存每个学生的信息，包括学生的姓名、性别及手机号，使用列表保存所有学生的信息。

下面按照以上思路编写程序，具体步骤如下。

源代码

步骤 1：新建列表。

新建一个列表，用来保存学生的所有信息，代码如下。

```
# 用来保存学生的所有信息
student_infos = []
```

步骤 2：定义主菜单函数。

定义一个打印功能菜单的函数，以提示用户可以进行哪些操作，具体代码如下。

```
# 打印功能提示
def print_menu( ):
    print("=" * 30)
    print(" 学生管理系统 V1.0 ")
    print("1.添加学生信息")
    print("2.删除学生信息")
    print("3.修改学生信息")
    print("4.显示所有学生信息")
    print("0.退出系统")
    print("=" * 30)
```

步骤 3：定义添加信息函数。

定义一个用于添加学生信息的函数。在该函数中，要求用户根据提示输入学生的信息，包括姓名、性别和手机号码。使用一个字典将这些信息保存起来，并添加到 student_infos 数组中，具体代码如下。

```
# 添加一个学生信息
```

```
def add_info( ):
    # 提示并获取学生的姓名
    new_name = input("请输入学生的名字：")
    # 提示并获取学生的性别
    new_sex = input("请输入学生的性别：(男/女)")
    # 提示并获取学生的手机号码
    new_phone = input("请输入学生的手机号码：")
    new_infos = {}
    new_infos['name'] = new_name
    new_infos['sex'] = new_sex
    new_infos['phone'] = new_phone
    student_infos.append(new_infos)
```

注意：在学生信息录入过程中没有要求输入学生的 id，在步骤 6 中可以解除这里的困惑，因为，在以后的项目实施过程中学生信息的 id 是项目定义并自增的。

步骤 4：定义删除信息函数。

定义一个用于删除学生信息的函数。在该函数中，提示用户选择要删除的序号，之后使用 del 语句删除相应的学生信息，具体代码如下。

```
# 删除一个学生信息
def del_info(student):
    del_number = int(input("请输入要删除的序号：")) - 1
    if (del_number -1) > len(student_infos):
        print("你输入的序号有误，没有这个学生")
    else:
        del student[del_number]
```

注意：项目中用到列表元素的索引值来删除列表中存储的字典元素，并保存用户信息。

步骤 5：定义修改信息函数。

定义一个用于修改学生信息的函数。在该函数中，根据提示输入学生的信息，包括序号、姓名、性别和手机号码。根据序号获取保存在列表中的字典，并将这些新输入的信息替换字典中的旧信息，具体代码如下。

```
# 修改一个学生的信息
```

```
def modify_info( ):
    student_id = int(input("请输入要修改的学生的序号："))
    if ((student_id -1) > len(student_infos)) or ((student_id -1) < 0):
        print("你输入的序号有误，没有这个学生")
    else:
        new_name = input("请输入学生的名字：")
        new_sex = input("请输入学生的性别：(男/女)")
        new_phone = input("请输入学生的手机号码：")
        student_infos[student_id - 1]['name'] = new_name
        student_infos[student_id - 1]['sex'] = new_sex
        student_infos[student_id - 1]['phone'] = new_phone
```

步骤 6：定义显示信息函数。

定义一个显示所有学生信息的函数。在该函数中，遍历保存学生信息的列表，再一一取出每个学生的详细信息，并按照一定的格式进行输出，具体代码如下。

```
# 定义一个用于显示所有学生信息的函数
def show_infos( ):
    print("=" * 30)
    print("学生的信息如下:")
    print("=" * 30)
    print("序号    姓名    性别    手机号码")
    i = 1
    for temp in student_infos:
        print("%d    %s    %s    %s" % (i, temp['name'], temp['sex'], temp['phone']))
        i += 1
```

步骤 7：定义 main( )函数。

定义一个 main( )函数，用于控制整个程序的流程。在该函数中，使用一条无限循环语句保证程序一直能接收用户的输入。在循环中，打印功能菜单提示用户，之后获取用户的输入，并使用 if…elif 语句区分不同序号所对应的功能，具体代码如下。

```
def main( ):
    while True:
        print_menu( )                # 打印菜单
```

```
key = input("请输入功能对应的数字:")    # 获得用户输入的序号
if key == '1':              # 添加学生的信息
    add_info( )
elif key == '2':            # 删除学生的信息
    del_info(student_infos)
elif key == '3':            # 修改学生的信息
    modify_info( )
elif key == '4':            # 查看所有学生的信息
    show_infos( )
elif key == '0':            # 退出系统
    quit_confirm = input("亲，真的要退出么？(Yes or No):")
    if quit_confirm == "Yes":
        break               # 结束循环
    else:
        print("输入有误，请重新输入")
```

步骤 8：调用 main( )函数。

调用 main( )函数，代码如下。

```
if __name__ == '__main__':
    main( )
```

添加和查看学生信息的执行结果如图 2-6 所示。

删除学生信息的执行结果如图 2-7 所示。

图 2-6　添加和查看操作执行结果

图 2-7　删除操作执行结果

修改学生信息的执行结果如图 2-8 所示。

退出系统的执行结果如图 2-9 所示。

图 2-8 修改操作执行结果

图 2-9 退出操作执行结果

任务 2.5 Python 文件操作

【任务目标】

① 掌握普通文本文件的读写方法。

② 掌握处理文件系统和目录的方法。

【知识准备】

1. 文件操作的常用函数

（1）open 方法

打开一个文件，并返回文件对象。

语法格式：

PPT：任务 2.5 Python 文件 操作

微课 2-7 Python 文件 操作

```
open(file, mode='r', buffering=-1, encoding=None, errors=None, newline=None, closefd=True, opener=None)
```

函数说明：

file：必需，文件路径（相对或者绝对路径）。

mode：可选，文件打开模式。常见的 mode 如下。

◆ r：从文件头部以只读方式打开文件。

◆ rb：从文件头部以二进制格式打开一个文件用于只读。

◆ r+：从文件头部打开一个文件用于读写。

◆ rb+：从文件头部以二进制格式打开一个文件用于读写。

◆ w：从文件头部打开一个文件，只用于写入。如果该文件已存在，则打开文件，并从开头开始编辑，即原有内容会被删除；如果该文件不存在，则创建新文件。

◆ wb：从文件头部以二进制格式打开一个文件，只用于开始写入。

◆ w+：从文件头部打开一个文件用于读写。

◆ wb+：从文件头部以二进制格式打开一个文件，用于读写。

◆ a：打开一个文件用于从文件尾部开始追加。如果该文件已存在，则文件指针会放在文件的结尾；如果该文件不存在，则创建新文件进行写入。

◆ a+：打开一个文件，用于从文件尾部开始读写。

buffering：设置缓冲。

encoding：一般使用 UTF-8。

errors：报错级别。

newline：区分换行符。

closed：传入的 file 参数类型。

opener：设置自定义开启器，开启器的返回值必须是一个打开的文件描述符。

返回值：返回文件对象。

实例代码：

假设 test.txt 文件的内容为：

```
Row 1

Row 2

Row 3

Row 4

Row 5


f = open("test.txt", "r+")
print ("文件名为: ", f.name)
```

输出结果：

文件名为： text.txt

（2）file.close 方法

关闭一个已打开的文件。

语法格式：

file.close( );

函数说明：

返回值：该函数没有返回值。

使用 close( )方法关闭文件是一个好的习惯。

（3）file.read 方法

从文件中读取指定的字节数，如果未给定或为负，则读取所有。

语法格式：

file.read([size]);

函数说明：

size：从文件中读取的字节数，默认为 -1，表示读取整个文件。

返回值：返回从字符串中读取的字节。

实例代码：

```
f = open("test.txt", "r+")
print ("文件名为: ", f.name)
line = f.read(5)
print("读取的字符串: %s" % (line))
f.close( )
```

输出结果：

文件名为：test.txt
读取的字符串: Row 1

（4）file.readline 方法

从文件中读取整行，包括\n 字符。如果指定了一个非负数的参数，则返回指定大小的字节数，包括\n 字符。

语法格式：

```
file.readline([size]);
```

函数说明：

size：从文件中读取的字节数，默认为-1，表示读取整行。

返回值：返回从字符串中读取的字节。

实例代码：

```
f = open("test.txt", "r+")
line = f.readline( )
print ("读取第一行  %s" % (line))
line = f.readline(2)
print ("读取的字符串为: %s" % (line))
f.close( )
```

输出结果：

```
读取第一行  Row 1
读取的字符串为: Ro
```

（5）file.readlines 方法

读取所有行（直到结束符 EOF）并返回列表。该列表可以由 Python 的 for…in…结构进行处理。

语法格式：

```
file.readlines( );
```

函数说明：

返回值：返回列表，包含所有的行。

实例代码：

```
f = open("test.txt", "r+")
for line in f.readlines( ):                    # 依次读取每行
    line = line.strip( )                        # 去掉每行头尾空白
    print ("读取的数据为: %s" % (line))
f.close( )
```

输出结果：

读取的数据为: Row 1

读取的数据为: Row 2

读取的数据为: Row 3

读取的数据为: Row 4

读取的数据为: Row 5

（6）file.write 方法

向文件中写入指定字符串。在文件关闭前或缓冲区刷新前，字符串内容存储在缓冲区中，这时在文件中看不到写入的内容。

语法格式：

file.write(str);

函数说明：

str：要写入文件的字符串。

返回值：写入的字符长度。

实例代码：

```
f = open("test.txt", "a+")        # 在尾部追加
str = "Row 6"
line = f.write(str)
f.close( )
```

输出结果：

检查 test.txt 中最后一行追加了：Row 6

（7）file.writelines 方法

向文件中写入一序列字符串。这一序列字符串可以是由迭代对象产生的，如一个字符串列表。换行需要使用换行符\n。

语法格式：

file .writelines(strs)

函数说明：

strs：要写入文件的字符串序列。

返回值：无返回值。

实例代码：

```
f = open("test.txt", "a+")      # 在尾部追加
seq = ["Row 7\n", "Row 8"]
f.writelines( seq )
f.close( )
```

输出结果：

检查 test.txt 中最后追加了两行：Row 7 和 Row 8

（8）file.tell 方法

返回文件的当前位置，即文件指针当前位置。

语法格式：

```
file . tell( )
```

函数说明：

返回值：文件的当前位置。

实例代码：

```
f = open("test.txt", "r")       # 在头部开始读取
f.readline( )
pos = f.tell( )
print ("当前位置: %d" % (pos))
f.close( )
```

输出结果：

当前位置: 6

（9）seek 方法

移动文件读取指针到指定位置。

语法格式：

```
file. seek(offset[, whence])
```

函数说明：

offset：开始的偏移量，也就是代表需要移动偏移的字节数，如果是负数表示从倒数第

几位开始。

whence：可选，默认值为 0。给 offset 定义一个参数，表示要从哪个位置开始偏移：0 代表从文件开头开始算起；1 代表从当前位置开始算起；2 代表从文件末尾算起。

返回值：如果操作成功，则返回新的文件位置；如果操作失败，则函数返回-1。

实例代码：

```
f = open("test.txt", "r=")        # 在头部开始读写
f.seek(0, 2)                      # 从文件末尾算起(2)，偏移位置0，即跳到文件末尾
f.write("Row 9")
f.close( )
```

输出结果：

```
检查 test.txt 文件，其末尾追加了 Row 9
```

（10）file.flush 方法

刷新缓冲区，即将缓冲区中的数据立刻写入文件，同时清空缓冲区。一般情况下，文件关闭后会自动刷新缓冲区，但有时需要在关闭前刷新它，这时就可以使用 flush( ) 方法。

2. 文件系统操作的常用函数（os 模块）

（1）os.getcwd 方法

获得当前进程的工作目录。

语法格式：

```
os.getcwd( )
```

函数说明：

返回值：返回当前进程的工作目录。

实例代码：

```
print ("当前工作目录 : %s" % os.getcwd( ))
```

输出结果：

```
# 检查当前程序的启动路径，一般情况下，当前工作目录就是该路径
```

（2）os.chdir 方法

改变当前工作目录到指定的路径。

语法格式：

os.chdir(path)

函数说明：

path：要切换到的新路径。

返回值：如果允许访问，则返回 True；否则返回 False。

（3）os.listdir 方法

返回指定的文件夹包含的文件或文件夹的名字的列表。该列表以字母顺序排序。

语法格式：

os.listdir(path)

函数说明：

path：需要列出的目录路径。

返回值：指定路径下的文件和文件夹列表。

实例代码：

```
import os, sys


path = "d:\\demo"        # 请将其设置为本机上存在的某个目录路径
dirs = os.listdir( path )


# 输出所有文件和文件夹名字
for file in dirs:
    print (file)
```

输出结果：

```
# 输出该目录下的文件和文件夹名称
```

（4）os.mkdir 方法

以数字权限模式创建目录。默认的模式为 0777。如果目录有多级，则创建最后一级；如果最后一级目录的上级目录不存在，则会抛出一个 OSError。

语法格式：

os.mkdir(path[, mode])

函数说明：

path：要创建的目录，可以是相对或者绝对路径。

mode：要为目录设置的权限数字模式。

返回值：没有返回值。

（5）os.remove 方法

删除指定路径的文件。如果指定的路径是一个目录，将抛出 OSError。

语法格式：

```
os.remove(path)
```

函数说明：

path：要删除的文件路径。

返回值：没有返回值。

（6）os.rmdir 方法

删除指定路径的目录。仅当指定文件夹是空的才可以删除，否则，抛出 OSError。

语法格式：

```
os.rmdir(path)
```

函数说明：

path：要删除的目录路径。

返回值：没有返回值。

（7）os.removedirs 方法

递归删除目录。

语法格式：

```
os.removedirs(path)
```

函数说明：

path：要删除的目录路径。

返回值：没有返回值。

（8）os.rename 方法

重命名文件或目录，从 src 到 dst,如果 dst 是一个存在的目录，将抛出 OSError。

语法格式：

```
os.rename(src, dst)
```

函数说明：

src：要修改的目录或文件名。

dst：修改后的目录或文件名。

返回值：没有返回值。

3. 获取文件或目录的属性（os.path 模块）

os.path.exists(path)：路径存在，返回 True；否则返回 False。

os.path.isfile(path)：判断路径是否为文件。

os.path.isdir(path)：判断路径是否为目录。

os.path.join(path1[, path2[, ...]])：把目录和文件名合成一个路径。

【任务实施】

接下来，完成文件操作任务案例。在开发学生管理系统的时候，数据都是存储在变量中的。一旦程序结束或者崩溃，那么之前存储的数据都会消失。为了预防这种情况的发生，可以借助文件来存储数据。

要求如下。

① 调整主菜单界面，增加"5.保存数据"功能菜单选项。

② 学生管理系统中增加数据保存方法，启动项目程序后生成的所有学生信息都写入到 backup.data 文件中，每次运行程序后都把信息重写入 backup.data 文件中。

③ 学生管理系统中增加数据恢复方法，此方法的作用是每次运行程序先打开 backup.data 文件，读取并判断文件中是否为空值，如果文件非空，即有上次保存的用户信息，将用户信息读取到用户信息列表中。

④ 在恢复数据后系统处于持续运行状态，接收用户指令的输入。

步骤 1：打印功能菜单。

在提示功能菜单的列表中，增加一个保存数据的功能项。在 print_menu 函数中，添加一行打印语句，具体代码如下。

```
# 打印功能提示
def print_menu( ):
    print("=" * 30)
    print(" 学生管理系统 V1.0 ")
    print("1.添加学生信息")
```

```
print("2.删除学生信息")
print("3.修改学生信息")
print("4.显示所有学生信息")
print("5.保存数据")
print("0.退出系统")
print("=" * 30)
```

步骤 2：定义保存文件函数。

所有学生的信息都保存在 student_infos 列表中，如果要永久地保存这些学生的信息，那么只需要将 strdent_infos 写入到文件中即可。不过，调用 write 方法写入文件时，只能传入字符串类型的参数，因此需要把列表强制转换成字符串。定义一个将数据保存到文件的函数，具体代码如下。

```
# 保存当前所有的学生信息到文件中
def save_to_file( ):
    file = open("backup.data")
    file.write(str(student_infos))
    file.close( )
```

步骤 3：定义恢复数据函数。

定义一个恢复数据的函数，用于从文件中读取学生的信息。在该函数中，从文件中读取的数据是具有特殊格式的字符串，需要调用 eval( )函数将字符串转换成原有的类型，具体代码如下。

```
# 恢复数据
def recover_data( ):
    global student_infos
    file = open("backup.data")
    content = file.read( )
    if content != "":
        student_infos = eval(content)
    file.close( )
```

步骤 4：定义 main( )函数。

在 main( )函数中的开头位置，调用 recover_data( )函数从文件中读取数据，然后在对应的 elif 语句中，调用 save_to_file( )函数保存数据，具体代码如下。

```python
def main( ):
    recover_data( )              # 必须确保读取的文件中有数据
    while True:
        print_menu( )            # 打印功能菜单
        key = input("请输入功能对应的数字:")    # 获得用户输入的序号
        if key == '1':           # 添加学生的信息
            add_info( )
        elif key == '2':         # 删除学生的信息
            del_info(student_infos)
        elif key == '3':         # 修改学生的信息
            modify_info( )
        elif key == '4':         # 查看所有学生的信息
            show_infos( )
        elif key == '5':         # 保存学生信息到文件
            save_to_file( )
        elif key == '0':         # 退出系统
            quit_confirm = input("亲，真的要退出么？(Yes or No):")
            if quit_confirm == "Yes":
                break            # 结束循环
        else:
            print("输入有误，请重新输入")
```

步骤 5：运行程序。

运行程序，在控制台的光标位置输入"1"，之后按照提示添加一个学生的信息，添加完成后再输入"5"，控制台显示的信息如图 2-10 所示。

步骤 6：检查文件数据。

打开 backup.data 文件，发现新增的数据成功保存到文件中，如图 2-11 所示。

学生管理系统-文件版 ×
```
==============================
      学生管理系统V1.0
 1.添加学生信息
 2.删除学生信息
 3.修改学生信息
 4.显示所有学生信息
 5.保存数据
 0.退出系统
==============================
 请输入功能对应的数字:1
 请输入学生的名字:小黄
 请输入学生的性别:(男/女)男
 请输入学生的手机号码:1008614
 请输入功能对应的数字:5
```

{'name':'小黄','sex':'男','phone':'1008614'}]

图 2-10　添加操作执行结果　　　　　　图 2-11　文件保存结果

任务 2.6　处理程序错误和异常

【任务目标】

① 理解异常的概念。

② 掌握处理异常的几种方式。

③ 掌握 raise 语句，会抛出自定义的异常。

PPT：任务 2.6
处理程序错误和
异常

【知识准备】

1. 异常的概念

Python 程序中有两种错误很容易辨认：语法错误和异常。前者可以由 Python 的语法分析器识别并提示。而即便语法是正确的，在运行它的时候，也有可能发生错误。运行期间检测到的错误被称为异常。大多数的异常都不会被程序处理，都以错误信息的形式直接打印出来，并中断程序的运行。

异常一般由异常类来代表，异常类都是 Exception 的子类，常见的异常如下。

① NameError：尝试访问一个未声明的变量。

② ZeroDivisionError：除数为 0。

③ SyntaxError：解释器发现语法错误。

④ IndexError：使用列表或序列中不存在的索引。

微课 2-8
处理程序错误
和异常

⑤ KeyError：使用字典中不存在的键。

⑥ FileNotFoundError：试图打开不存在的文件。

⑦ AttributeError：访问未知的对象属性异常。

2. 处理异常

通常通过 try-except 语句块来处理程序中的异常。代码如下。

```
while True:
    try:
        x = int(input("请输入一个数字: "))
        break
    except ValueError:
        print("您输入的不是数字，请再次尝试输入！")
```

try 语句按照如下方式工作。

① 执行 try 子句（在关键字 try 和关键字 except 之间的语句）。

② 如果没有异常发生，忽略 except 子句，try 子句执行后结束。

③ 如果在执行 try 子句的过程中发生了异常，那么 try 子句余下的部分将被忽略。如果异常的类型和 except 之后的名称相符，那么对应的 except 子句将被执行。

④ 如果一个异常没有与任何的 except 匹配，那么这个异常将会传递给上层的 try 中。

一个 try 语句可能包含多个 except 子句，分别用于处理不同的特定异常，但只有一个分支会被执行。处理程序将只针对对应的 try 子句中的异常进行处理，而不是其他 try 的处理程序中的异常。

一个 except 子句可以同时处理多个异常，这些异常将被放在一个括号中成为一个元组，例如：

```
except (RuntimeError, TypeError, NameError):
    pass
```

try/except 语句还有一个可选的 else 子句，如果使用这个子句，那么必须放在所有的 except 子句之后。例如：

```
for arg in sys.argv[1:]:
    try:
        f = open(arg, 'r')
```

```
    except IOError:
        print('cannot open', arg)
    else:
        print(arg, 'has', len(f.readlines( )), 'lines')
        f.close( )
```

try-finally 语句无论是否发生异常都将执行最后的代码。例如：

```
try:
    runoob( )
except AssertionError as error:
    print(error)
else:
    try:
        with open('file.log') as file:
            read_data = file.read( )
    except FileNotFoundError as fnf_error:
        print(fnf_error)
finally:
    print('这句话，无论异常是否发生都会执行。')
```

3. 自定义异常

除了系统内置异常，也可以自定义异常，自定义异常从 Exception 类继承，并且可以使用 raise 语句抛出。例如：

```
class MyError(Exception):
    def __init__(self, value):
        self.value = value
    def __str__(self):
        return repr(self.value)

try:
    raise MyError(2*2)
```

```
except MyError as e:
    print('My exception occurred, value:', e.value)
```

【任务实施】

接下来，完成处理程序错误异常的实施案例。

1. 两数相除异常

在两个数相除过程中对数据的格式有一定要求，不满足要求会产生异常，本案例要求
捕获两个数相除可能会产生的异常。要求如下。

① 捕获除数为零异常。

② 捕获两个数相除可能会产生的异常。

源代码

步骤 1：捕获除数为零异常。

当两个数相除时，如果用户将 0 作为除数输入，显然这在数学解释中是错误的，因此
程序会报错 "ZeroDivisionError"，因此可以进行异常捕捉，打印提示 "第 2 个数不能为 0"。

```
try:
    print("-" * 20)
    first_number = input("请输入第 1 个数：")
    second_number = input("请输入第 2 个数：")
    print(int(first_number) / int(second_number))
    print("-" * 20)
except ZeroDivisionError:
    print("第 2 个数不能为 0")
```

步骤 2：捕获两个数相除可能会产生的异常。

捕获两个数相除可能会产生的异常，要求捕获输入除数或被除数数据格式异常，并汇
总除数为 0 异常，代码如下。

```
try:
    first_number = input("请输入第 1 个数：")
    second_number = input("请输入第 2 个数：")
    print(int(first_number) / int(second_number))
except ZeroDivisionError:
```

```
    print("第 2 个数不能为 0")
except ValueError:
    print("只能输入数字")
```

2. 输入密码异常

输入密码异常需要定义一个输入密码的输入异常的捕获代码的类，在这个类中对自身方法实现改写，并实现密码长度要求必须大于或等于 3，否则提示输入错误，要求如下。

① 定义捕捉异常发生的类，并在类中重写自身方法，实现异常名称、输入字符串长度、最少长度要求 3 个变量。

② 在程序方法类中定义两个变量 self.length、self.atleast，代表密码输入长度和密码最小长度要求。

③ 要求用户输入密码，并判断密码长度是否小于 3，如果小于 3，提示错误，并打印输出提示。

源代码

步骤 1：定义方法类。

```
class ShortInputException(Exception):
    '''自定义异常类'''
```

步骤 2：重写类方法。
重写类方法，并实现密码、密码长度、密码长度最小值的调用。

```
def __init__(self, length, atleast):
        self.length = length       # 输入长度
        self.atleast = atleast     # 至少的长度
```

步骤 3：异常捕获。

在这里捕获输入异常，并打印输入密码提示"请输入密码："，并判断用户输入密码长度是否小于 3，如果小于 3 即调用自定义 ShortInputException 方法，并返回用户输入的密码长度和最小密码长度要求（这里是 3）。

这里需要注意的是需要 raise 语句，这里的 ShortInputException 方法作为一个实例被 raise 调用，其一般语法如下。

```
raise[SomeException[,args[,traceback]]]
```

其中 SomeException 为调用方法或实例。

在项目中捕捉两种异常：结尾异常 EOFError 和自定义异常 ShortInputException，当捕获以上两种异常情况时，分别打印"你输入了一个结束标记"和"输入的长度是多少，长度至少应是多少"并输出，汇总以上功能，其代码如下。

```python
class ShortInputException(Exception):
    '''自定义异常类'''

    def __init__(self, length, atleast):
        self.length = length    # 输入长度
        self.atleast = atleast  # 最小长度


try:
    text = input("请输入密码：")
    if len(text) < 3:
        # raise 引发一个刚刚定义的异常
        raise ShortInputException(len(text), 3)
except EOFError:
    print("你输入了一个结束标记")
except ShortInputException as result:
    print("ShortInputException：输入的长度是%d，"
          "长度至少应是%d" % (result.length, result.atleast))
else:
    print("没有异常发生")
```

3. 学生管理系统异常处理

学生信息管理系统项目中现在仍存在很多不足，如程序错误和异常处理，接下来对项目进行完善异常处理情况，增强代码健壮性。案例实施要求如下：

① 学生系统中增加学生信息"英语成绩""数学成绩""语文成绩"3 个个人属性信息。

② 要求增加录入功能异常捕获，要求英语成绩、数学成绩、语文成绩 3 个属性都为整数，否则提示输入错误。

步骤 1：增加成绩变量。

新增 3 个变量 new_english、new_math、new_chinese，用于存储学生成绩、打印用户提示输入成绩信息、并接收用户输入。

源代码

步骤 2：增加录入信息异常捕获。

增加用户输入异常，如输入非整数成绩则打印输出"输入的成绩错误（输入的成绩必须为整数），请重新输入！"，综合以上步骤的内容，代码如下：

```python
def add_info():
    new_infos = {}
    while True:
        # 提示并获取学生的姓名
        new_name = input("请输入学生的名字：")
        # 提示并获取学生的性别
        new_sex = input("请输入学生的性别：(男/女)")
        # 提示并获取学生的手机号码
        new_phone = input("请输入学生的手机号码：")
        # 提示并获取学生的英语成绩
        try:
            new_english = int(input('请输入学生的英语成绩:'))
            # 提示并获取学生的Python成绩
            new_math = int(input('请输入学生的数学成绩:'))
            # 提示并获取学生的Java成绩
            new_chinese = int(input('请输入学生的语文成绩:'))
        except:
            print('输入的成绩错误(输入的成绩必须为整数), 请重新输入!')
            continue

        new_infos['name'] = new_name
        new_infos['sex'] = new_sex
        new_infos['phone'] = new_phone
        new_infos['english'] = new_english
```

```
        new_infos['math'] = new_math
        new_infos['chinese'] = new_chinese


        student_infos.append(new_infos)


        answer = input('你是否想继续输入学生信息?(y/n)\n')
        if answer == 'y':
            continue
        else:
            break
```

任务 2.7　使用模块分解程序功能

【任务目标】

① 掌握模块的使用。

② 掌握模块的制作。

③ 掌握包的使用。

PPT：任务 2.7
使用模块分解
程序功能

【知识准备】

Python 模块（Module）是一个 Python 文件，以 py 结尾，包含 Python 对象定义和 Python 语句。模块有助于组织 Python 代码段。将相关的代码分配到一个模块中能让代码更好用、更易懂。模块能定义函数、类和变量，也能包含可执行的代码。

在 Python 中可以使用 import 关键字引入某个模块，如可以使用 import math 引入 math 模块。当解释器遇到 import 语句，如果模块位于当前的搜索路径，那么该模块就会被自动导入。

Python 的 from…import 语句可以从模块中导入一个指定部分到当前命名空间中，也可以使用 from…import*语句将一个模块的所有内容都导入当前命名空间。

【任务实施】

接下来通过春节集五福案例来实现模块分解使用。设计集五福卡游戏项目，集齐"爱国福""富强福""和谐福""友善福""敬业福"，每次按 Enter 键，用户将获取一张福卡，5 种福卡集齐，结束游戏，打印"恭喜您集成五福！！！"。案例实施要求如下。

①　在项目中新建两个文件，一个文件作为方法模块文件，另一个文件作为项目主程序文件，实现方法调用，在主程序中调用方法，判断是否集齐五福。

②　新建模块方法文件 JiFu.py，在方法模块中新建 3 个函数，实现随机生成一张福卡，打印当前的福卡名称和数量，判断 5 种福卡是否集全。

步骤 1：编写 JiFu.py 文件（模块）。

源代码

①　编写 Ji_Fu 模块文件，导入 random 函数，用于生成随机数。

②　定义一个 Ji_Fu( )函数，函数体内实现随机生成一张福卡，并返回福卡的名称。

③　定义一个 fus(fu)函数，打印当前福卡的名称和数量。

④　定义 five_blessings(fu)函数，记录 5 种福卡的数量并判断是否处于集全状态。

主要代码如下。

```python
import random
# 获取福卡方法
def Ji_Fu( ):
    # 所有福卡列表
    fus=['爱国福','富强福','和谐福','友善福','敬业福']
    # 获取列表中的一项，组成新的列表
    fu=random.sample(fus, 1)
    # 返回获取到的福卡
    return fu
# 打印当前拥有的所有福卡方法
def fus(fu):
    print('当前拥有的福：')
    # 循环福卡字典
    for i, j in fu.items( ):
        # 打印福卡
        print(i,': ',j,'\t',end='')
# 判断五福是否集齐的方法，集齐返回 1
def five_blessings(fu):
```

```
# 用于判断是否集齐的标识，1 代表集齐
type=1
# 循环福卡字典，判断福卡是否集齐
for i, j in fu.items( ):
    # 当已有福卡是 0 张时不能合成五福
    if j==0:
        #不能集成五福时返回 0
        type=0
# 返回判断是否集齐的标识
return type;
```

步骤 2：调用模块中的函数。

① 新建主程序文件，导入 sys 模块，保证所在目录下步骤 1 中自定义的 JiFu.py 文件（模块）能够导入。

② 定义 fu 字典用于保存五福卡名称和数量，调用 Ji_Fu 模块中的 five_blessings(fu)函数，判断是否集齐五福卡。在没有集齐福卡的情况下，窗口提示"**按下〈Enter〉键获取五福**"；用户按 Enter 键后主程序调用 JiFu.Ji_Fu( )函数，函数返回一个福卡名称列表，这里需要取出福卡名称的字符串；此时，主程序打印输出福卡名称，并使字典中相应的福卡数量加 1。接下来，主程序调用 JiFu 模块中的 fus(fu)函数，打印输出五福卡的名称和个数。

③ 当五福卡中每种福卡数量大于 1 时，程序调用结束，打印输出"**恭喜您集成五福！！！**"。

主要代码如下。

```
import sys
# 导入模块
import JiFu
print('开始集福啦~~~')
# 五福字典，保存拥有的五福数据
fu={'爱国福':0,'富强福':0,'和谐福':0,'友善福':0,'敬业福':0}
# 判断是否集齐五福
while   JiFu.five_blessings(fu)==0:
    # 没有集齐五福的提示
```

input('\n 按下〈**Enter**〉键获取五福')

 # 获取福卡

Strfu=JiFu.Ji_Fu( ) [0]*#[0]表示自定义 JiFu 模块，返回福卡名称列表中对应的福卡名称字符串*

 # 提示用户获取的五福卡

print('**获取到：**' +Strfu)

 # 在五福字典中，为获取到的福卡加 1

fu[Strfu] += 1

 # 打印拥有的福卡

JiFu.fus(fu)

print('\n 恭喜您集成五福！！！')

效果如图 2-12 所示。

图 2-12 模块调用运行结果

任务 2.8 使用类和对象封装业务功能

PPT：任务 2.8
使用类和对象
封装业务功能

【任务目标】

① 理解面向对象编程思想。

② 明确类和对象的关系，会独立设计类。

③ 会使用类创建对象，并添加属性。

④ 掌握构造方法和析构方法的使用。

⑤ 熟悉 self 的使用技巧。

【知识准备】

使用 class 语句创建一个新类，class 之后为类的名称并以冒号结尾。以下是一个简单的 Python 类的例子。

```python
class Employee:
    empCount = 0

    def __init__(self, name, salary):
        self.name = name
        self.salary = salary
        Employee.empCount += 1

    def displayCount(self):
        print("Total Employee %d" % Employee.empCount)

    def displayEmployee(self):
        print("Name : ", self.name,    ", Salary: ", self.salary)
```

注意：

① empCount 变量是一个类变量，其值将在这个类的所有实例之间共享。用户可以在内部类或外部类使用 Employee.empCount 访问。

② __init__( )方法是一种特殊的方法（称为类的构造函数或初始化方法），当创建这个类的实例时就会调用该方法。

③ self 代表类的实例，在定义类的方法时 self 是必须有的，在调用时不必传入相应的参数。

④ 类的方法与普通函数只有一个区别，即它们必须有一个额外的第一个参数名称，按照惯例，其名称为 self。

实例化类在其他编程语言中一般使用关键字 new，但是在 Python 中并没有该关键字，类的实例化类似函数调用方式。以下使用类的名称 Employee 来实例化，并通过__init__方法接收参数。

```
# 创建 Employee 类的第一个对象
emp1 = Employee("Jerry", 2000)
# 创建 Employee 类的第二个对象
emp2 = Employee("Jane", 5000)
```

使用点号 . 来访问对象的属性。使用以下类的名称访问类变量。

```
emp1.displayEmployee( )
emp2.displayEmployee( )
print("Total Employee %d" % Employee.empCount)
```

面向对象的编程的主要好处之一是代码重用，实现这种重用的方法之一是通过继承机制。通过继承创建的新类称为子类或派生类，被继承的类称为基类、父类或超类。继承语法如下。

```
class 派生类名(基类名)
    ...
```

在 Python 语法中，继承有以下一些特点。

① 如果在子类中需要父类的构造方法，就需要显式地调用父类的构造方法，或者不重写父类的构造方法。

② 在调用基类的方法时，需要加上基类的类名前缀，且需要带上 self 参数变量，区别在于类中调用普通函数时并不需要 self 参数。

③ Python 总是首先查找对应类型的方法，如果不能在派生类中找到对应的方法，才会到基类中逐个查找（先在本类中查找调用的方法，找不到才去基类中查找）。

如果父类方法的功能不能满足需求，可以在子类中重写父类的方法，具体如下。

```
class Parent:            # 定义父类
    def myMethod(self):
        print '调用父类方法'

class Child(Parent):    # 定义子类
    def myMethod(self):
```

```
        print '调用子类方法'


c = Child( )                # 子类实例
c.myMethod( )               # 子类调用重写方法
```

【任务实施】

接下来通过反恐精英这个案例来理解类和对象的使用。

反恐精英是风靡全世界的一种以团队合作为主的第一人称射击游戏，简称 CS。根据面向对象的编程思想，模拟现实中一个战士开枪射击敌人的一个场景。游戏中主要包含战士（玩家）和敌人两个角色，以及枪、弹夹和子弹 3 个道具。其中，战士和敌人的默认血量为100，它们一旦被子弹击中，就会因子弹的杀伤力而掉血，每击中一次血量减少 5；枪中默认为没有弹夹，弹夹中也没有子弹。战士若想持枪射击敌人，需要给弹夹装子弹、给枪装弹夹，每射击一次，子弹的数量就减少一枚。

接下来，使用程序模拟战士遇到敌人开枪的场景。面向对象最重要的是类的设计，所以在分析案例时，首先根据“名词提炼法”，分析业务流程中需要设计的类，然后分析类所拥有的属性和方法。根据这个模拟场景，可分析出来的类有如下几种。

（1）战士和敌人类：Person

属性：姓名（name）、血量（blood）、枪（gun）。

方法：安装子弹（install_bullet）、安装弹夹（install_clip）、持枪（take_gun）、开枪（fire）。

（2）子弹类：Bullet

属性：杀伤力（damage）。

方法：伤害敌人（hurt）。

（3）弹夹类：Clip

属性：最大容量（capacity）、当前子弹列表（current_list）。

源代码

方法：放置子弹（save_bullets）、弹出子弹（launch_bullet）。

（4）枪类：Gun

属性：弹夹（clip）。

方法：链接弹夹（mounting_clip）、发射子弹（shoot）。

按照设计的类，编写代码模拟图的场景过程，案例实施要求如下。

① 定义战士和敌人的类——“人”类，定义类属性，如姓名和血量，血量值默认为100；在该类中定义给弹夹安装子弹的方法；在该类中需要增加安装子弹、安装弹夹、持枪、

开枪、掉血等方法；最后重写"人"类_str_方法，并通过该方法描述"人"类对象剩余的血量。

② 定义 Gun 类并增加链接弹夹、射击方法；定义自身方法初始设置没有弹夹，自身描述"枪没有弹夹"或"枪当前有弹夹"。

③ 定义"弹夹"类，在该类中添加安装子弹、出子弹方法；定义自身类属性中的弹夹容量和弹夹初始值为空。

④ 定义"子弹"类，在该类中定义杀伤敌人方法和自身杀伤力属性。

⑤ 主程序中创建一个战士和一个弹夹，战士在弹夹中安装了 5 颗子弹；创建一支枪，战士在枪中安装弹夹；创建一个敌人，战士拿枪，并用枪对敌人开了两枪，并打印每次的提示文字。

步骤 1：定义战士和敌人类型。

战士和敌人属于同一类型，这里定义战士和敌人的类为 Person，并在_int_()方法中设置默认血量为 100，名称由创建的对象设定，具体代码如下。

```
# 定义表示战士和敌人的类
class Person:
    def _init_(self, name):
        # 姓名
        self.name = name
        # 血量
        self.blood = 100
```

战士要想开枪射击敌人，必须具备把子弹安装到弹夹的功能。在 Person 类中需定义一个用于安装子弹的方法，具体代码如下。

```
# 给弹夹安装子弹
def install_bullet(self, clip, bullet):
    # 弹夹放置子弹
    clip.save_bullets(bullet)
```

在上述方法中共有 3 个参数，其中 clip 表示放置子弹的弹夹，bullet 表示准备放入弹夹中的子弹。注意，以上定义的 install_bullet 方法中，通过 clip 调用了 save_bullets 方法，该方法的功能是将子弹装入弹夹中，后续会有相应的定义。

步骤 2：定义弹夹类型。

定义一个表示弹夹的类 Clip，在_int_()方法中设置默认的子弹个数和最大容量，接着添加一个用于往弹夹中安装子弹的 save_bullets 方法，具体代码如下。

```python
# 定义表示弹夹的类
class Clip:
    def _init_(self, capacity):
        # 最大容量
        self.capacity = capacity
        # 当前子弹数量
        self.current_list = []


    # 安装子弹
    def save_bullets(self, bullet):
        # 当前子弹数量小于最大容量
        if len(self.current_list) < self.capacity:
            self.current_list.append(bullet)
```

在上述代码中，首先在构造方法中添加了 capacity（最大容量）和 currentList（当前子弹数）两个属性，然后定义了安装子弹的方法，该方法有一个 bullet（子弹）参数，在方法内部使用 if 语句判断，只有当前子弹的数量小于弹夹的最大容量时，才能够往弹夹中安装子弹。

步骤 3：定义子弹类型。

定义一个表示子弹的类 Bullet，具体代码如下。

```python
# 定义表示子弹的类
class Bullet:
    def __init__(self, damage):
        # 伤害力
        self.damage = damage
```

步骤 4：验证安装子弹的功能。

通过判断当前弹夹拥有的子弹数量，验证安装子弹的功能是否正确。首先，分别创建一个"战士"类和"弹夹"类的对象，然后使用 while 循环语句添加几颗子弹，并输出弹夹中子弹的数量，具体代码如下。

```
# 创建一个战士
soldier = Person("老王")
# 创建一个弹夹
clip = Clip(20)
print(clip)
# 添加 5 颗子弹
i = 0
while i < 5:
    # 创建一颗子弹
    bullet = Bullet(5)
    # 战士安装子弹到弹夹
    soldier.install_bullet(clip, bullet)
    i += 1
# 输出当前弹夹中子弹的数量
print(clip)
```

由于在上述代码中打印了 clip 对象的信息，所以在 Clip 类中添加_str_方法调试程序，具体代码如下。

```
def _str_(self):
    return "弹夹当前的子弹数量为：" + str(len(self.current_list)) + "/" + str(self.
capacity)
```

此时运行结果如图 2-13 所示。

步骤 5：给枪安装弹夹。

弹夹上完子弹后，战士（老王）应该把装有子弹的弹夹安装到枪中，所以在 Person 类中增加一个用于把弹夹安装到枪中的方法，具体代码如下。

```
反恐精英  ×
C:\Users\bitc158\PycharmPr
弹夹当前的子弹数量为: 0/20
弹夹当前的子弹数量为: 5/20
```

图 2-13　安装子弹结果

```
# 给枪安装弹夹
def install_clip(self, gun, clip):
    # 枪链接弹夹
    gun.mounting_clip(clip)
```

接着定义一个表示枪的类 Gun，并添加一个用于让枪链接弹夹的方法，具体代码如下。

```
# 定义表示枪的类
class Gun:
    def _init_(self):
        # 默认没有弹夹
        self.clip = None

    def _str_(self):
        if self.clip:
            return "枪当前有弹夹"
        else:
            return "枪没有弹夹"

    # 链接弹夹
    def mounting_clip(self, clip):
        if not self.clip:
            self.clip = clip
```

上述代码中，在_int_()方法中设置了 clip 属性的值为 None，即没有弹夹，然后在 mounting_clip 方法中使用 if 语句判断，如果枪中没有弹夹，才需要链接弹夹。

在验证安装子弹功能（步骤 4）的代码后面，创建一个 Gun 类的对象，实现让枪链接弹夹的功能，具体代码如下。

```
# 创建一支枪
gun = Gun( )
print(gun)
# 安装弹夹
soldier.install_clip(gun, clip)
print(gun)
```

此时运行结果如图 2-14 所示。

步骤 6：准备射击敌人。

战士默认没有手枪，他需要持有一把枪来准备射击敌人。因此，在 Person 类中增加拿枪和开枪的方法，具体代码如下。

```
反恐精英 ×
C:\Users\bitc158\PycharmProj
弹夹当前的子弹数量为: 0/20
弹夹当前的子弹数量为: 5/20
枪没有弹夹
枪当前有弹夹
```

图 2-14　安装弹夹结果

```python
# 持枪
def take_gun(self, gun):
    self.gun = gun


# 开枪
def fire(self, enemy):
    # 射击敌人
    self.gun.shoot(enemy)
```

如果要让枪射击敌人，前提是必须由弹夹提供子弹。所以在 Gun 类中实现开枪后弹夹推出子弹的操作，具体代码如下。

```python
# 射击
def shoot(self, enemy):
self.clip.launch_bullet()
```

在 Clip 类中增加出子弹的方法，先判断弹夹中是否还有子弹，如果有子弹就出子弹，否则为 None，具体代码如下。

```python
# 出子弹
def launch_bullet(self):
    # 判断当前弹夹中是否有子弹
    if len(self.current_list) > 0:
        bullet = self.current_list[-1]
        self.current_list.pop()
        return bullet
    else:
        return None
```

如果在射击敌人时弹夹中有子弹，子弹会伤害敌人；如果射击时没有子弹，会出现放空枪。所以在 Gun 类的 shoot 方法中处理这种情况，具体代码如下。

```python
# 射击
def shoot(self, enemy):
    bullet = self.clip.launch_bullet()
```

```
    if bullet:
        bullet.hurt(enemy)
    else:
        print("没有子弹了，放了空枪...")
```

在 Bullet 类中添加 hurt 方法，用于伤害敌人使其掉血，具体代码如下。

```
# 定义表示子弹的类
class Bullet:
    def __init__(self, damage):
        # 伤害力
        self.damage = damage


    # 伤害敌人
    def hurt(self, enemy):
        # 让敌人掉血
        enemy.lose_blood(self.damage)
```

由于 Bullet 类的_int_( )方法发生了改变，因此需要对前面创建子弹类对象的代码进行修改，具体代码如下。

```
# 创建一颗子弹
bullet = Bullet(5)
```

最后在 Person 类中添加 lose_blood 方法，用于在敌人被击中后出现掉血的行为，具体代码如下。

```
def __str__(self):
    return self.name + "剩余血量为：" + str(self.blood)


# 掉血
def lose_blood(self, damage):
    self.blood -= damage
```

步骤 7：射击敌人。

创建一个表示敌人的对象，让老王拿枪后开枪射击，具体代码如下。

```
# 创建一个敌人
enemy = Person("敌人")
print(enemy)
# 士兵拿枪
soldier.take_gun(gun)
# 士兵开枪
soldier.fire(enemy)
print(clip)
print(enemy)
soldier.fire(enemy)
print(clip)
print(enemy)
```

此时运行结果如图 2-15 所示。

反恐精英 ×

```
C:\Users\bitc158\PycharmPr
弹夹当前的子弹数量为: 0/20
弹夹当前的子弹数量为: 5/20
枪没有弹夹
枪当前有弹夹
敌人剩余血量为: 100
弹夹当前的子弹数量为: 4/20
敌人剩余血量为: 95
弹夹当前的子弹数量为: 3/20
敌人剩余血量为: 90
```

图 2-15   射击结果

项目总结

本项目使用 Python 的过程化编程和面向对象编程方法,将字符串处理、数据结构定义、文件处理、异常处理等融入项目中,完成基于命令行的小型应用程序的开发。

课后练习

文本：参考答案

一、选择题

1. 下面不属于 Python 循环语句的是 （   ）。

  A．循环嵌套   B．for 循环   C．do…while 循环 D．while 循环

2．下列关于 Python 分支结构的描述中，错误的是（ ）。

  A．分支结构使用 if 保留字

  B．Python 中的 if…else 语句用来形成二分支结构

  C．Python 中的 if…elif…else 语句描述多分支结构

  D．分支结构可以向已经执行过的语句部分跳转

3．下列关于程序异常处理的描述中，错误的是（ ）。

  A．程序异常发生经过妥善处理可以继续执行

  B．异常语句可以与 else 和 finally 保留字配合使用

  C．编程语言中的异常和错误是完全相同的概念

  D．Python 通过 try、except 等保留字提供异常处理功能

4．下列关于函数的描述中，错误的是（ ）。

  A．函数能完成特定的功能，对函数的使用不需要了解函数内部实现原理，只要了
   解函数的输入/输出方式即可

  B．使用函数的主要目的是减低编程难度和代码重用

  C．Python 使用 del 保留字定义一个函数

  D．函数是一段具有特定功能的、可重用的语句组

5．下列关于 Python 组合数据类型的描述中，错误的是（ ）。

  A．组合数据类型可以分为序列类型、集合类型和映射类型 3 类

  B．序列类型是二维元素向量，元素之间存在先后关系，通过序号访问

  C．Python 中的 str、tuple 和 list 类型都属于序列类型

  D．Python 组合数据类型能够将多个同类型或不同类型的数据组织起来，通过单一
   的表示使数据操作更有序、更容易

6．下列关于 Python 文件处理的描述中，错误的是（ ）。

  A．Python 通过解释器内置的 open( )函数打开一个文件

  B．当文件以文本方式打开时，读写按照字节流方式

  C．文件使用结束后要用 close( )方法关闭，释放文件的使用授权

  D．Python 能够以文本和二进制两种方式处理文件

7．下列不是 Python 对文件的写操作方法的是（ ）。

  A．writelines   B．write 和 seek   C．writetext   D．write

8．下列关于面向对象的继承的描述中，正确的是（ ）。

A．继承是指一组对象所具有的相似性质

B．继承是指类之间共享属性和操作的机制

C．继承是指各对象之间的共同性质

D．继承是指一个对象具有另一个对象的性质

9．下列不属于 Python File 对象的属性是（　　　）。

  A．file.name   B．file.mode   C．file.path   D．file.softspace

10．下列不属于 Python 标准的数据类型是（　　　）。

  A．Numbers（数字）   B．String（字符串）   C．List（列表）   D．Map（元组）

二、填空题

1．任意长度的 Python 列表、元组和字符串中最后一个元素的下标为_____。

2．可以使用内置函数_____查看包含当前作用域内所有全局变量和值的字典。

3．字典对象的_____方法返回字典中的"键-值对"列表。

4．字典对象的_____方法返回字典的"键"列表。

5．已知 x = [3, 7, 5]，那么执行语句 x = x.sort(reverse=True)后，x 的值为_____。

6．已知 x = [1, 2, 3, 2, 3]，执行语句 x.pop( )后，x 的值为_____。

7．Python 内建异常类的基类是_____。

8．Python 标准库 os.path 中用来分割指定路径中的文件扩展名的方法是_____。

9．正则表达式模块 re 的_____方法用来在整个字符串中进行指定模式的匹配。

10．在 Python 中定义类时，与运算符"//"对应的特殊方法名为_____。

三、判断题

1．Python 集合中的元素不允许重复。　　　　　　　　　　　　　　　　　（　　　）

2．Python 标准库 os 中的方法 isfile( )可以用来测试给定的路径是否为文件。　（　　　）

3．Python 标准库 os 中的方法 exists( )可以用来测试给定路径的文件是否存在。

                                             （　　　）

4．Python 标准库 os 中的方法 isdir( )可以用来测试给定的路径是否为文件夹。（　　　）

5．只能通过切片访问元组中的元素，不能使用切片修改元组中的元素。（　　　）

6．字符串属于 Python 有序序列，和列表、元组一样都支持双向索引。（　　　）

7．Python 字符串方法 replace( )对字符串进行"原地"修改。（　　　）

8．在函数内部没有任何方法可以影响实参的值。（　　　）

9．在函数内部没有办法定义全局变量。（　　　）

10．全局变量会增加不同函数之间的隐式耦合度，从而降低代码的可读性，因此应尽

量避免过多使用全局变量。 （ ）

四、简答题

1．在 Python 中如何实现 tuple 和 list 的转换？

2．定义一个葫芦娃类，实现打印葫芦娃名字、年龄和技能的功能。

3．定义游戏角色类，并实现以下功能。

（1）角色默认状态为活着。

（2）给角色定义名字（name）、攻击力（atk）、血量（hp）、防御力（de）等自身属性。

（3）定义角色攻击方法，实现一个角色攻击另一个角色，一个英雄被攻击前，先判断发起攻击的和被攻击的两个人的状态，如果有任何一个处于死亡状态，则不能被攻击。

（4）实现被攻击的角色血量要减少，通过提取本角色攻击力，被攻击角色的防御力实现提取血量。

（5）添加一个判断，如果被攻击角色血量少于 0，那么将其状态改为死亡，返回信息"×××已死亡"。

（6）打印提示"×××攻击力×××，×××掉了×××滴血，还剩×××血"。

（7）为两个角色赋值，分别为红衣、攻击力 166、血量 620、防御力 36；白衣、攻击力 174、血量 592、防御力 35。

（8）让两个角色相互攻击，红衣先攻击白衣，判断两个角色谁先死亡。

项目3　科学计算

学习目标

本项目使用 Python 语言和 numpy、pandas 工具包对数据实现科学计算，具体如下。

① 了解什么是科学计算数组，掌握构造科学计算数组的基本方法。

② 了解 math 模块数学计算相关知识，掌握 numpy 工具包中对应 math 模块的数学计算函数。

③ 了解 numpy 工具包中 random 模块的相关知识，掌握 numpy.random 模块的 normal 函数。

④ 理解 numpy.array 的相关知识，掌握获取一维和二维数组切片的方法。

⑤ 了解 numpy 条件筛选的相关知识，掌握 numpy 函数 take、where，掌握指定行列索引编号、根据 >、=、< 返回符合条件的数据。

⑥ 了解计算数组的基础统计相关知识，掌握 numpy 的基础统计函数。

⑦ 掌握 numpy 数组元素修改、合并、拆分的方法。

⑧ 掌握一维和二维数组与标量的加减乘除运算，和相同 shape 的数组之间元素级运算。

⑨ 理解 pandas 的 Series 和 DataFrame 相关知识，掌握从 numpy array 构造 DataFrame 的方法。

⑩ 掌握 DataFrame 数据切片的方法，及合并 DataFrame 的方法。

项目介绍

numpy（Numerical Python）是高性能科学计算和数据分析的基础模块包，是科学计算与数据分析中几乎所有高级工具的构建基础。pandas（Python Data Analysis Library）是基于 numpy 为解决数据分析任务而创建的，提供一些标准的数据模型和大量能快速、便捷地处理数据的函数和方法。

在本项目中，首先了解 numpy 多维数组的概念以及面向数组的计算；然后实现：numpy 模块构建数组，查看多维数组的维数大小和数组类型，数组类型转换，在数学计算中应用 numpy 模块，生成随机数，获取一维和二维数组切片，获取条件筛选的数据，计算数组的基础统计信息，修改数据集合，数组与标量的算术运算；最后利用 numpy、pandas 工具包处理复杂的数据集合。

任务 3.1 构造科学计算数组

【任务目标】

① 掌握构造 numpy 数组的方式。

② 理解数组的 shape 和 dtype。

PPT：任务 3.1
构造科学计算
数组

【知识准备】

numpy 是 Python 语言的一个扩展程序库，支持大量的多维数组与矩阵运算，此外也针对数组运算提供大量的数学函数库。

1. 初识 numpy 数组（ndarray 对象）

在之前学习 Python 的过程中，了解到 Python 没有数组对象，一般都用列表 List 序列类型替代数组。

但 numpy 模块提供 ndarray 类型对象，其实就是弥补了 Python 语言中没有数组的问题，同时提供二维数组及多维数组（一般用到三维数组）的创建和各种矢量运算 API，简化各种复杂的数组矢量计算问题，如图 3-1 所示。

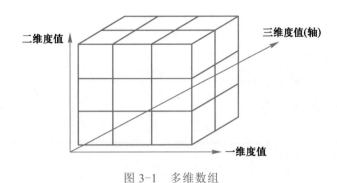

微课 3-1
创建 numpy
数组

图 3-1 多维数组

numpy 数组创建语法如下。

一维数组对象=np.array(一维度值[,dtype 类型])

二维数组对象=np.array((一维度值,二维度值)[,dtype 类型])

三维数组对象=np.array((一维度值,二维度值,三维度值)[,dtype 类型])

说明:多维数组的矢量计算是科学计算和数据分析的基础操作,几乎所有的数据分析计算都是基于多维数组(以二维数组居多)的计算。

2. 创建 ndarry 对象(numpy 数组)

创建数组最简单的办法就是使用 array( )函数。它接受一切序列类型对象(包括其他数组),然后产生一个新的含有传入数据的 numpy 数组(即 ndarray 对象)。

numpy 数组创建(基于列表类型创建)如下。

语法格式:

arr1 = np.array(data1)

函数说明:

arr1——ndarry 对象。

data1——待转换的数组名。

使用序列类型列表创建 ndarray 类型,是 numpy 模块中创建数组最常用的方式,也是最简单快捷的一种方式。

实例代码:

```
# 导入 numpy 模块
import numpy as np
```

```
# 创建一个列表对象 data1
data1 = [6,7.5,8,0,1]
# 创建 ndarray 对象（numpy 数组）
arr1 = np.array(data1)
# 输出数组
print('arr1 数组：',arr1)
```

运行结果：

```
arr1 数组： [6.  7.5 8.  0.  1. ]
```

3.　创建多维数组

多维数组类型是科学计算和数据分析中主要使用的基础类型。

多维数组常指一维以上的数组，一般最多是三维数组。

语法格式：

```
arr2 = np.array(data2)
```

函数说明：

arr2——ndarry 对象。

data2——待转换的数组名。

在使用嵌套列表创建 ndarray 数组时，自动转换成二维数组结构。

实例代码：

```
# 导入 numpy 模块
import numpy as np


# 创建一个列表对象 data2
data2 = [[1,2,3,4], [5,6,7,8]]
# 创建 ndarray 对象（numpy 数组）
arr2 = np.array(data2)
# 输出数组
print('arr2 二维数组：\n', arr2)
```

运行结果：

arr2 二维数组：

　[[1 2 3 4]

　[5 6 7 8]]

4. 多维数组的 shape 和 dtpye

numpy 最重要的一个特点就是其 *N* 维数组对象（即 ndarray）。该对象是一个快速而灵活的大数据容器，可以利用这种数组对整块数据进行一些数学矢量计算。

ndarray 是一个通用的同构数据多维容器，其中所有元素都是相同类型的数据（也可以不同，相同是为了更好地进行数据计算）。

每个数组都有一个 shape 和 dytype。

● shape 表示各维度大小的元组。

● dtype 用于说明数组数据类型的对象。

实例代码：

查看多维数组的维数大小和数组类型（在上一个例子的基础上，输出 arr2 数组的维度及数组类型）。

```
# 导入 numpy 模块
import numpy as np


# 输出数组维数
print('arr2 的维度：', arr2.shape)
# 输出数组类型
print('arr2 的数组类型：', arr2.dtype)
```

输出结果：

arr2 的维度：　(2, 4)

arr2 的数组类型：　int32

代码说明：

shape 返回一个元组类型（2,4），说明该数组由两个一维数组组成，且每个数组由 4 个元素组成。

dtype 返回 int32，说明该数组中所有数据的类型为整型。

想一想：既然 ndarray 数组中的各元素类型无需保持一致，那么将 data2 列表元素改为

data2 = [[1,'a',3,4], [5,'b',7,8]]能正常创建数组吗？shape 执行会报错吗？dtype 将返回什么呢？

5. 创建数组的其他 API

除了上述利用列表序列类型创建数组外，还可以使用 zeros( )和 ones( )函数快速创建全 0 数组或全 1 数组，在创建过程中指定长度和维度。

实例代码：

（1）使用 zeros( )函数创建全 0 数组。

```
# 导入 numpy 模块
import numpy as np


# 创建名为 arr_zerons 的全 0 一维数组
arr_zeros = np.zeros(10)
# 输出数组
print('arr_zeros 数组：', arr_zeros)
```

输出结果：

```
arr_zeros 数组：  [0. 0. 0. 0. 0. 0. 0. 0. 0. 0.]
```

说明：arr_zeros(10)中，10 代表一维数组的元素个数。

（2）使用 ones( )函数创建全 0 数组。

```
# 导入 numpy 模块
import numpy as np


# 创建名为 arr_ones 的全 1 二维数组
arr_ones = np.ones((3, 6))
# 输出数组
print('arr_ones 数组：\n', arr_ones)
```

输出结果：

```
arr_ones 数组：
 [[1. 1. 1. 1. 1. 1.]
 [1. 1. 1. 1. 1. 1.]
```

```
[1. 1. 1. 1. 1. 1.]]
```

说明：arr_ones(3, 6)中，3 代表数组中一维数组的个数，6 代表每个数组中的元素个数。

（3）使用 empty( )函数创建多维数组

使用 empty( )函数可以创建没有任何具体值的数组，在创建过程中分配内存空间并返回一些垃圾值。

实例代码：

```
# 导入 numpy 模块
import numpy as np

# 使用 empty( )创建多维数组
arr_empty = np.empty((2,3,2))
# 输出数组
print('arr_empty 三维数组：\n', arr_empty)
```

输出结果：

```
arr_empty 三维数组：
 [[[4.25e-322 0.00e+000]
  [0.00e+000 0.00e+000]
  [0.00e+000 0.00e+000]]


 [[0.00e+000 0.00e+000]
  [0.00e+000 0.00e+000]
  [0.00e+000 0.00e+000]]]
```

说明：arr_empty((2,3,2))中，2—代表三维度值在数组中的个数；3—代表二维度值在数组中的个数；2—代表一维度值在数据中的个数。

（4）使用 arange( )函数构建序列数组

arange( )函数是 Python 内置函数 range( )的数组版。

实例代码：

① 使用 arange( )函数创建一维数组。

```
# 导入 numpy 模块
import numpy as np

# 使用 arange() 创建 numpy 数组
arr = np.arange(5)
# 输出数组
print('arr 数组：\n', arr)
```

输出结果：

```
arr 数组：
 [0 1 2 3 4]
```

② 使用 arange( )函数创建二维数组。

```
# 导入 numpy 模块
import numpy as np

# 使用 arange() 创建 numpy 数组
arr = np.array([[6,7,8,9], np.arange(4)])
# 输出数组
print('arr 数组：\n', arr)
```

输出结果：

```
arr 数组：
 [[6 7 8 9]
 [0 1 2 3]]
```

（5）使用 matrix( )函数构建矩阵

matrix( )函数是 Python 内置函数，用于构建矩阵。

矩阵是高等代数中的常见工具，也常见于统计分析等应用数学学科中。数值分析的主要分支致力于开发矩阵计算的有效算法，矩阵分解方法简化了理论和实际的计算。

实例代码：

① 使用 matrix( )函数创建矩阵。

```
# 导入 numpy 模块
```

```
import numpy as np

# 使用 matrix() 创建矩阵
matrixA = np.matrix(np.arange(5))
# 输出数组
print('matrixA 矩阵：\n', matrixA)
```

输出结果：

```
matrixA 矩阵：
 [[0 1 2 3 4]]
```

② 使用 matrix( )函数创建二维矩阵。

```
# 导入 numpy 模块
import numpy as np

# 使用 matrix() 创建二维矩阵
matrixB = np.matrix([[6,7,8,9], np.arange(4)])
# 输出数组
print('matrixB 矩阵：\n', matrixB)
```

输出结果：

```
matrixB 矩阵：
 [[6 7 8 9]
 [0 1 2 3]]
```

（6）使用 numpy 模块构建数组的 API 函数，相应的 API 函数见表 3-1。

表 3-1 API 函 数

API 函数	说　明
array	将输入数据（列表、元组、数组或其他序列类型）转换为 ndarry。要么推断出 dtype，要么显式指定 dtype。默认直接复制输入数据
asarry	将输入转换为 ndarray，如果输入本身就是一个 ndarray，就不进行复制
arange	类似于内置的 range，但返回的是一个 ndarray 而不是列表
Ones，ones_like	根据指定形状和 dtype 创建一个全 1 数组。ones_like 以另一个数组为参数，并根据其形状和 dtype 创建一个全 1 的数组

续表

API 函数	说　　明
Zeros，zeros_like	类似于 ones 和 ones_like，只不过产生的是全 0 数组
Empty，empty_like	创建全新数组，只分配内存空间不填充值，但在返回时会显示一些垃圾值
Eye，identity	创建一个正方的 $N \times N$ 单位矩阵（对角线为 1，其余为 0）

6. ndarray 的数据类型

之前介绍了 ndarray 对象（即 numpy 数组）中的元素类型可以一致，也可以不一致。但是如果在创建 ndarray 对象时使用了 dtype 参数，则数组对象元素类型必须一致，否则会报错。

微课 3-2
ndarray 的
数据类型

带 dtype 类型参数构建数组如下。

实例代码：

```
# 导入 numpy 模块
import numpy as np


# 创建 numpy 数组
arr = np.array([1,2,3], dtype = np.int32)
# 输出数组类型
print('arr 数组类型：', arr.dtype)
```

输入结果：

arr 数组类型：int32

或者：

```
# 创建 numpy 数组
arr = np.array([1.1, 2.7, 3.5], dtype = np.int64)
# 输出数组类型
print('arr 数组：', arr)
# 输出数组类型
print('arr 数组类型：', arr.dtype)
```

输入结果：

arr 数组：[1 2 3]

arr 数组类型：int64

说明：在 Ubuntu 64 位系统中，若不指定 dtype 类型，默认为 int64。将 arr 数组中的每一个元素类型由 float64 浮点型转换成 int64 整型数据，因此小数部分被截取，只保留整数部分。

dtype 是 numpy 强大和灵活的原因之一。多数情况下，它们直接映射到相应的机器来表示，这使得"读写磁盘上的二进制流数据"以及"集成低级语言代码"等工作变得更加简单。

数值型 dtype 的命名方式：一个类型名（如 float 或 int），后面跟一个用于表示各元素位长度的数字。标准的双精度浮点值（即 Python 中的 float 对象）需要占 8 个字节（即 64 位）。因此，该类型在 numpy 中就记为 float64。

ndarray 的常用数据类型见表 3-2 和表 3-3。

表 3-2　ndarray 常用数据类型 1

名称	描　述
bool	用一个字节存储的布尔类型（True 或 False）
inti	由所在平台决定其大小的整数（一般为 int32 或 int64）
int8	一个字节大小，-128～127
int16	整数，-32768～32767
int32	整数，-2^{31}～$2^{32}-1$
int64	整数，-2^{63}～$2^{63}-1$
uint8	无符号整数，0～255
uint16	无符号整数，0～65535
uint32	无符号整数，0～$2^{32}-1$
uint64	无符号整数，0～$2^{64}-1$

表 3-3　ndarray 常用数据类型 2

名称	描　述
float16	半精度浮点数：16 位，正负号 1 位，指数 5 位，精度 10 位
float32	单精度浮点数：32 位，正负号 1 位，指数 8 位，精度 23 位
float64 或 float	双精度浮点数：64 位，正负号 1 位，指数 11 位，精度 52 位
complex64	复数，分别用两个 32 位浮点数表示实部和虚部
complex128 或 complex	复数，分别用两个 64 位浮点数表示实部和虚部

7. ndarray 数据类型转换

在实际应用中，可以使用 astype( )函数显式地进行 ndarray 对象类型 dtype 的转换。
使用 astype( )函数对 ndarray 对象进行类型转换如下。

实例代码：

```
# 导入 numpy 模块
import numpy as np


# 创建一个整型数组
arr = np.array(range(5), dtype=np.int64)
# 输出数组并显示数组类型
print('arr 数组：', arr)
print('arr 数组类型 dtype：', arr.dtype)
# ndarray 数据类型转换成浮点型 float64
arr_float = arr.astype(np.float64)
print('arr_float 数组类型 dtype：', arr_float.dtype)
```

输出结果：

```
arr 数组：　[0 1 2 3 4]
arr 数组类型 dtype：　int64
arr_float 数组类型 dtype：　float64
```

说明：本例中，整数被转换成浮点数。如果将浮点数转换成整数，则小数部分将
会被截断。如果某字符串类型的数组元素都为字符数字，也可以利用 astype( )函数转
换为数值形式。若转换过程中出现错误，则不能完成转换，会引发一个 TypeError
错误。

【任务实施】

完成数组类型转换任务案例，要求使用 astype( )函数将浮点型类型的数组转换成整型
数据类型的数组。在实际应用中，可以使用 astype( )函数来完成。

步骤 1：导入 numpy 模块。

导入 numpy 模块，实现创建数组。

源代码

```
# 导入 numpy 模块
import numpy as np
```

步骤 2：创建一个整型一维数组。

创建一个 5 个元素的一维数组。

```
# 创建一个整型一维数组
arr_int = np.arange(5)
print('arr_int 数组：', arr_int)
print('arr_int 数组类型 dtype：', arr_int.dtype)
```

步骤 3：创建一个浮点型二维数组。

创建浮点型二维数组。

```
# 创建一个浮点型二维数组
arr_float = np.array([[1.1,2.7], [5.7,6.3]])
print('arr_float 数组：\n', arr_float)
print('arr_float 数组类型 dtype：', arr_float.dtype)
```

步骤 4：将 arr_float 数组类型转换成 arr_int 数组类型。

将浮点型数组转换成整数型数组类型。

```
arr_temp = arr_float.astype(arr_int.dtype)
print('arr_temp 数组：', arr_temp)
print('arr_temp 数组类型 dtype：', arr_temp.dtype)
```

任务 3.2　执行数学计算

PPT：任务 3.2
执行数学计算

【任务目标】

① 了解 math 模块数学计算，包括 abs、ceil/floor、round、exp、log/log10、max/min、pow、sqrt 的相关知识。

② 掌握 numpy 包中对应 math 模块的数学计算函数。

【知识准备】

微课 3-3
通用函数

1. 通用函数

通用函数（即 ufunc）是一种对 ndarray 中的数据执行元素级运算的函数。可以将其看成简单函数（接收一个或多个标量值，并产生一个或多个标量值）的矢量化包装器。许多 ufunc 都是简单的元素级变量，如 sqrt（计算各元素的平方根）和 exp（常量 e 各元素值）。

实例代码：

```
# 导入 numpy 模块
import numpy as np


# 创建一个一维数组
arr = np.arange(10)
print(arr)
# 获取各元素的平方根
print(np.sqrt(arr))
# 计算 e 常量值的各元素值次方
print(np.exp(arr))
```

输出结果：

```
#一维数组 arr 输出
[0 1 2 3 4 5 6 7 8 9]
#计算各元素的平方根
[ 0.          1.          1.41421356  1.73205081  2.          2.23606798
  2.44948974  2.64575131  2.82842712  3.          ]
#计算常量值 e 各元素值
[ 1.00000000e+00    2.71828183e+00    7.38905610e+00    2.00855369e+01
  5.45981500e+01    1.48413159e+02    4.03428793e+02    1.09663316e+03
  2.98095799e+03    8.10308393e+03]
```

说明：这些都属于一元（unary）ufunc。

另外还有一些函数（如 add 和 maximum）能接收两个数组，因此也称为二元（Binary）ufunc，并返回一个结果数组。

实例代码：

两个具有相同元素个数的一维数组对位比较，获取每个位置上最大的数值，并返回一个数组结果。

```
# 导入 numpy 模块
import numpy as np


# 创建两个一维数组
arr1 = np.random.randn(4)
arr2 = np.random.randn(4)
print(arr1 , '\n', arr2)
# 各元素对位比较取最大值并生成最终数组
print(np.maximum(arr1, arr2))
```

输出结果：

```
# 一维数组 arr1 输出
[-0.32492432 -0.33519649 -0.81220054   0.30370727]
# 一维数组 arr2 输出
[-0.87039069   0.28696582   0.8885762  -0.74333547]
# 两个数组对位比较取最大值结果输出
[-0.32492432   0.28696582   0.8885762    0.30370727]
```

有些 ufunc 可以返回多个数组，这并不常见。modf( )函数就是一个典型应用，它是 Python 内置的 divmod 函数的矢量化版，用于将浮点数数组拆分成整数数组和小数数组。

```
# 导入 numpy 模块
import numpy as np


# 创建一个一维数组，各元素乘以 5
arr3 = np.random.randn(4) * 5
# 获取各元素整数部分数组和小数部分数组
print(np.modf(arr3))
```

输出结果：

(array([0.96095827, −0.18565674, −0.00259567,　0.70923348]), array([3., −9., −4.,　5.]))

2. 函数表

微课 3-4
函数表

表 3-4 列出了一元 ufunc 函数。

表 3-4　一元 ufunc 函数

函　数	说　明
abs、fabs	计算整数、浮点数或复数的绝对值。对于非复数值,可以使用更快的 fabs 函数
sqrt	计算各元素的平方根
exp	计算各元素的指数 e^x
log、log10、log2、log1p	分别为自然数对数(底数为 e)、底数为 10 的 log、底数为 2 的 log、log(1+x)
sign	计算各元素的正负号:1(正数)、0(零)、−1(负数)
ceil	计算各元素的 ceiling 值,即大于等于该值的最小整数
floor	计算各元素的 floor 值,即小于等于该值的最大整数
rint	将各元素值四舍五入到最接近的整数,保留 dtype 类型
modf	将数组的小数和整数部分以两个独立数组的形式返回
isnan	返回一个表示"哪些值是 NaN(这不是一个数字)"的布尔型数组
isfinite、isinf	分别返回一个表示"哪些元素是有穷的(非 inf、非 NaN)"或"哪些元素是无穷的"布尔值型数组
cos、cosh、sin、sinh、tan、tanh	普通型和双曲型三角函数
arccons、arccosh、arcsin、arcsinh、arctan、arctanh	反三角函数
logical_not	计算各元素 not x 的真值

表 3-5 列出了二元 ufunc 函数。

表 3-5　二元 ufunc 函数

函　数	说　明
add	将数组中对应的元素相加
subtract	从第 1 个数组中减去第 2 个数组中的元素
multiply	数组元素相乘
divide、floor_divide	除法或向下整除法(丢弃余数)
power	对第 1 个数组中的元素 X,根据第 2 个数组中的相应元素 Y,计算 X^Y
maximum、fmax	元素级的最大值计算,fmax 将忽略 NaN

续表

函　　数	说　　明
minimum、fmin	元素级的最小值计算，fmin 将忽略 NaN
mod	元素级的求模计算（除法的余数）
copysign	将第 2 个数组中值的符号复制给第 1 个数组中的值
greater、greater_equal、less、less_equal、equal、not_equeal	执行元素级的比较运算，最终产生布尔型数组，相当于中缀运算符 >、>=、<、<=、==、!=
logical_and、logical_or、logical_xor、	执行元素级的真值逻辑运算，相当于中缀运算符 &、|、^

【任务实施】

接下来，完成计算三角形面积和周长。输入的三角形的 3 条边 a、b、c，计算并输出面积和周长。假设输入三角形 3 条边的值是合法整型数据。三角形面积计算公式：

$$area = \sqrt{s(s-a)(s-b)(s-c)}$$

其中 $s=(a+b+c)/2$。

案例实施要求如下。

① 导入 math 模块。

② 定义 3 个整型变量，接收用户输入三角形的 3 条边长。

③ 输出三角形的面积和边长，数值保留小数点后两位有效数字。

步骤 1：导入 math 模块。

因为程序中计算面积需要运用开方运算，需要导入 math 模块。

源代码

```
import math
```

步骤 2：编写接收输入边长值的语句。

定义 3 个整型变量，接收用户输入三角形的各边长。

```
a=int(input('请输入第一条边长：'))
b=int(input('请输入第二条边长：'))
c=int(input('请输入第三条边长：'))
```

步骤 3：编写计算公式，实现面积计算。

根据三角形面积计算公式定义三角形边长和面积求解算法，并打印输出三角形面积、周长，保留小数点后两位有效数字。

```
s=(a+b+c)/2          # 定义 s
x=s*(s-a)*(s-b)*(s-c)
```

```
area=math.sqrt(x)        # 三角形面积对 x 开平方
perimeter=a+b+c          # 求三角形周长
print('area={:.2f};perimeter={:.2f}'.format(area,perimeter))
```

任务 3.3　生成随机数

【任务目标】

① 了解 numpy 工具中 random 模块的相关知识。

② 掌握 numpy.random 模块中的 normal 函数。

PPT：任务 3.3
生成随机数

【知识准备】

1.　随机数生成

numpy.random 模块对 Python 内置的 random 模块进行了补充，增加了一些用于高效生成多种概率分布的样本值的函数。

实例代码：

用 normal 函数得到一个标准正态分布的 4×4 样本数组。

微课 3-5
随机数生成

```
# 导入 numpy 模块
import numpy as np


# 创建一个标准随机正态（高斯）分布的 4×4 数组
arr = np.random.normal(size=(4,4))
print(arr)
```

输出结果：

```
[[ 0.21210805 -1.14984989 -0.22510471   0.02175975]
 [ 0.78511996  -0.97753637   1.5140911   -0.64790287]
 [-0.45622967   0.40356689  -1.05415362  -1.13342889]
 [-0.40262654  -0.91100846   0.83190474  -0.49343835]]
```

2. 表 3-6 列出了部分 numpy.random 函数

表 3-6　部分 **numpy.random** 函数

函　　数	说　　明
seed	确定随机数生成器的种子
permutation	返回一个序列的随机排序或返回一个随机排序的范围
shuffle	对一个序列就地随机排序
rand	产生均匀分布的样本值
randint	从给定的上下限范围内随机选取整数
randn	产生正态分布（平均值为 0，标准值为 1）的样本值，类似于 Matlab 接口
binomial	产生二项分布的样本值
normal	产生正态（高斯）分布的样本值
beta	产生 Beta 分布的样本值
chisquare	产生卡方分布的样本值
gamma	产生 Gamma 分布的样本值
uniform	产生在[0，1]中均匀分布的样本值

【任务实施】

接下来完成随机漫步的任务案例，本任务案例综合应用随机数样本生成及统计分析。
具体描述如下。

① 数据从 0 开始，每次步长为 1 或-1，随机漫步 100 次，统计每次累计的步数。

② 统计本次随机漫步的累计步数最小值和最大值。

③ 设置临界值为 5，分析出第一次到达临界值（正负 5 均可）的步数。

④ 扩展需求：使用 matplotlib 绘制折线图，对数据进行可视化显示。

案例要求如下。

① 使用 normal 生成标准的正态（高斯）分布的样本值。

② 使用 np.where 实现数据转化。

③ 使用 min、max、cumsum、argmax 统计函数进行数据分析。

④ 使用 matplotlib 模块进行可视化呈现。

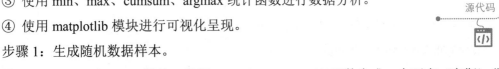

微课 3-6
随机漫步任务
实施

源代码

步骤 1：生成随机数据样本。

导入 numpy、matplotlib 模块，使用 np.random.normal( )函数生成一个正态（高斯）分
布的数据样本值。

```
# 导入 numpy 模块
import numpy as np
import matplotlib.pyplot as plt


# 设置漫步步数为 100
nsteps = 100
# 产生正态（高斯）分布的样本值 100 个
draws = np.random.normal(0,2, size=nsteps)
print(draws)
```

步骤 2：数据转化操作。

将数据样本使用 np.where( )函数进行 1、−1 值转化。

```
# 使用条件逻辑表述重置数据元素值
steps = np.where(draws>0, 1, −1)
print(steps)
```

步骤 3：数据统计。

使用 cumsum( )聚合函数进行每次走步的累计步数。

```
# 统计每次漫步累计的总步数 100 个
walk = steps.cumsum( )
print(walk)
# 漫步累计最大步数
print('step max:> ', walk.max( ))
# 漫步累计最小步数
print('step min:>', walk.min( ))
```

步骤 4：数据分析。

使用 argmax( )函数分析第一次到达临界值的步数。

```
# 第一次达到临界值累计正负 5 步的步数
print(np.abs(walk) >=5).argmax( )
```

步骤 5：使用 matplotlib 模块可视化数据。

接下来使用 matplotlib 模块进行可视化。

```
# 创建 x 轴坐标值
x = np.array(np.arange(nsteps))
# 创建 y 坐标值
y = walk
# 绘制一张图
plt.figure( )
# 设置 x 轴和 y 轴的数据
plt.plot(x, y, label='max:')
# 设置图标标题
plt.title('Random walk +1/−1 steps(Chinasofti CTO data)')
# 设置 x 轴标注文字
plt.xlabel('step(s)')
# 设置 y 轴标注文字
plt.ylabel('sum(walk)')
# 显示图标，.savefig('xxx.jpg') 保存图表图片
plt.show( )
```

输出结果：

输出结果如图 3-2 所示。

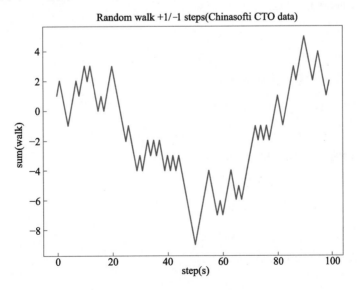

图 3-2　随机漫步输出结果

任务 3.4 获取数据切片

【任务目标】

① 了解数据切片。

② 理解 numpy.array 的相关知识。

③ 掌握获取一维和二维数组切片的方法。

PPT：任务 3.4
获取数据切片

【知识准备】

1. 基本索引与切片

一维数组索引和切片的应用与 Python 列表的功能相似。

微课 3-7
数组的索引与
切片

实例代码：

```python
# 导入 numpy 模块
import numpy as np


# 创建一个一维数组
arr = np.arange(10)
# 输出一维数组
print('arr 数组：', arr)
# 使用索引查找下标为 5 的元素
print('arr[5]索引查询结果：', arr[5])
# 使用切片查找下标 5~7 的元素
print('arr[5:8]切片子集结果：', arr[5:8])
# 设置切片中的所有元素新值为 15
arr[5:8] = 15
# 输出一维数组
print('重新赋值后的 arr 数组：', arr)
```

输出结果：

arr 数组：　[0 1 2 3 4 5 6 7 8 9]

arr[5]索引查询结果：　5

arr[5:8]切片子集结果：　[5 6 7]

重新赋值后的 arr 数组：　[0　1　2　3　4 15 15 15　8　9]

从本案例中可以看出，当将一个标量值赋值给一个切片时（如 arr[5:8] = 12），该值会自动赋值给整个切片元素。

实例代码（数组切片赋值操作）：

```python
# 导入 numpy 模块
import numpy as np


# 创建一个一维数组
arr = np.arange(10)
# 输出一维数组
print('arr 数组：', arr)
# 获取数组切片
arr_slice = arr[5:8]
# 切片索引单元素赋值
arr_slice[1] = 12345
print('arr_slice 切片数据：', arr_slice)
# 切片全区域赋值
arr_slice[:] = 66
print('arr 数组数据：', arr)
```

输出结果：

arr 数组：　[0 1 2 3 4 5 6 7 8 9]

arr_slice 切片数据：　[　　5 12345　　　7]

arr 数组数据：　[0　1　2　3　4 66 66 66　8　9]

跟列表相比，其最重要的区别在于，数组切片是原数组的视图。这意味着数据不会被复制，视图上的任何修改都会反映到原数组上。如果想要得到的是 ndarry 切片的一份副本而非视图，就需要显式地进行复制操作，如 arr[5:8].copy( )。

2. 二维度数组的索引

对于高维度数组，使用索引和切片技术能做更多操作。

语法格式：

二维数组对象[二维度下标索引值,一维度元素下标索引值]

例如，在一个二维数组中，各索引位置上的元素值不再是标量，而是一维数组，如图 3-3 所示。

	0	1	2
0	[0, 0]	[0, 1]	[0, 2]
1	[1, 0]	[1, 1]	[1, 2]
2	[2, 0]	[2, 1]	[2, 2]

图 3-3　二维数组

实例代码（二维数组中索引和切片技术的应用）：

```
# 导入 numpy 模块
import numpy as np


# 创建一个二维数组
arr2d = np.array([np.arange(1,4),
                  np.arange(4,7),
                  np.arange(7,10)])
print('arr2d 数组：\n', arr2d)
# 使用索引查看 arr2d 中的元素
print('arr2d[2]的切片：', arr2d[2])
```

输出结果：

```
arr2d 数组：
 [[1 2 3]
 [4 5 6]
 [7 8 9]]
```

arr2d[2]的切片：　[7 8 9]

可以对各元素使用递归进行访问，但这样比较麻烦。利用 numpy 模块，可以直接传入一个以逗号隔开的索引列表来选取单个元素。也就是说，下面两种方式是等价的。

```
# 访问二维数组中的某个元素
print('arr2d[0][2]的值：', arr2d[0][2])
# 或者使用逗号
print('arr2d[0, 2]的值：', arr2d[0, 2])
```

输出结果：

```
arr2d[0][2]的值：　3
arr2d[0, 2]的值：　3
```

3. 三维度数组的索引

在多维数组中，如果省略后面的索引，则返回对象会是一个维度较低的 ndarray（它含有高一级维度上的所有数据）。而一个三维数组 arr3d[轴值]表示获取当前轴值的二维数组。

语法格式：

数组对象[三维度轴索引值,二维度下标索引值,一维度元素下标索引值]

语法说明：

所有的索引下标值从 0 开始。

实例代码（三维数组中索引和切片技术的应用）：

```
# 导入 numpy 模块
import numpy as np


# 创建一个三维数组
arr3d = np.array([[[1,2,3],
                   [4,5,6]],
                  [[7,8,9],
                   [10,11,12]]])
# 输出数组
print('arr3d 数组：\n', arr3d)
```

输出结果：

arr3d 数组：

```
[[[ 1   2   3]
  [ 4   5   6]]
 [[ 7   8   9]
  [10 11 12]]]
```

根据以上案例，大致可以画出一个三维数组魔方图，如图 3-4 所示。

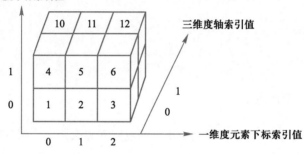

图 3-4　三维数组魔方图

实例代码：

```
# 获取轴值为 0 的二维数组
print('arr3d[0]的二维数组：\n', arr3d[0])
# 获取轴值为 0 且二维度下标为 1 的一维数组
Print('arr3d[0,1]的一维数组：', arr3d[0,1])
# 获取轴值为 0 且二维度下标为 1、元素下标为 2 的元素值
Print('arr3d[0,1,2]的元素值：', arr3d[0,1,2])
```

输出结果：

arr3d[0]的二维数组：

```
[[1 2 3]
 [4 5 6]]
```
arr3d[0,1]的一维数组： [4 5 6]
arr3d[0,1,2]的元素值： 6

4. 一维度数组的切片索引

ndarry 的切片语法与 Python 列表中的切片语法一致。

实例代码（一维数组切片索引的应用）：

```
# 导入 numpy 模块
import numpy as np


# 创建一个一维数组
arr = np.arange(5)
print('arr 数组：', arr)
# 切片获取数据
print('arrp[3:]的数据：', arr[3:])
```

输出结果：

```
arr 数组：　[0 1 2 3 4]
arrp[3:]的数据：　[3 4]
```

【任务实施】

接下来完成数据切片。

1. 二维度数组的切片索引

微课 3-8
数据切片任务
实施

本项目练习二维数组的切片，具体要求如下。

① 创建一个 1~9 数字 3 行 3 列的静态二维数组，并打印输出。

② 使用切片获取以上二维数组中右上角 4 个元素组成的数组。

③ 获取数组中第二个元素数组的前两个元素。

④ 获取数组中左下角元素数中的值。

⑤ 获取二维数组中每个一维数组中的第一个元素。

源代码

步骤 1：导入 numpy 模块。

```
import numpy as np
```

步骤 2：创建一个二维数组。

按要求创建一个静态数组。

```
arr2d = np.array([[1,2,3],
                  [4,5,6],
                  [7,8,9]])
print('arr2d 数组：\n',arr2d)
```

输出结果：

```
arr2d 数组：
 [[1 2 3]
 [4 5 6]
 [7 8 9]]
```

步骤 3：切片。

使用切片获取以上二维数组中右上角 4 个元素组成的数组，打印并输出。

```
print('arr2d[:2, 1:]的切片：\n', arr2d[:2,1:])
```

则得到如图 3-5 所示结果。

使用切片获取二维数组中第 2 个元素一维数组中的前两个元素，并打印输出。

```
print('arr2d[1, :2]的切片：', arr2d[1,:2])
```

则得到如图 3-6 所示结果。

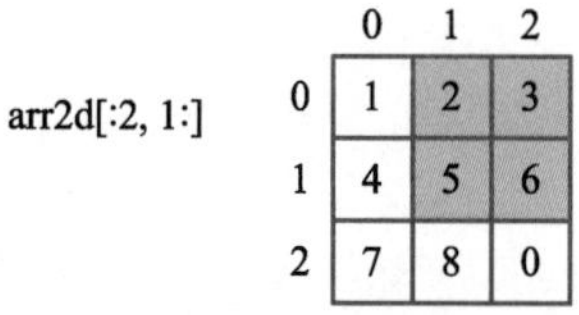

图 3-5　运行结果 1 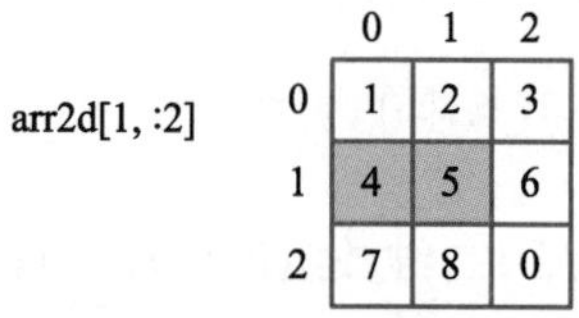　　　　　图 3-6　运行结果 2

使用切片获取二维数组中左下角元素，并打印输出。

```
print('arr2d[2, :1]的切片：', arr2d[2,:1])
```

则得到如图 3-7 所示结果。

使用切片获取二维数组中每个一维数的第 1 个元素。

```
print('arr2d[:, :1]的切片：\n', arr2d[:,:1])
```

则得到如图 3-8 所示结果。

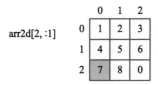

图 3-7　运行结果 3　　　　　　　　图 3-8　运行结果 4

2. 三维度数组切片索引

案例要求如下。

① 创建一个静态三维数组，三维数组包括两个二维数组元素，每个二维数组元素包含两个一维数组元素，每个一维数组元素包括 3 个数值（1～12）。

② 切片获取三维数组中每个二维数组元素的第二个元素值。

步骤 1：导入 numpy 模块。

```
import numpy as np
```

步骤 2：创建一个三维数组

根据要求，使用 numpy 创建一个静态三维数组，每个数组元素连续分布 1～12 的数值，具体如下。

```
arr3d = np.array([[[1,2,3],
                   [4,5,6]],
                  [[7,8,9],
                   [10,11,12]]])
```

步骤 3：三维数组切片索引

使用切片获取三维数组中每个二维数组元素的第 2 个元素值，并打印输出。

```
print('arr3d[:2,:2,1]切片：\n', arr3d[:2,:2,1])
```

输出结果：

```
arr3d[:2,:2,:2]切片：
 [[ 2  5]
 [ 8 11]]
```

说明：使用 arr3d[:2,:2,1] 切片索引获取一个二维数组，如图 3-9 所示。

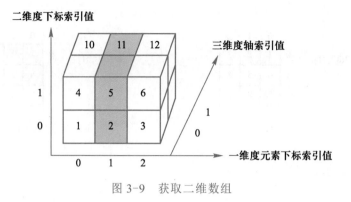

图 3-9   获取二维数组

任务 3.5   获取条件筛选的数据

【任务目标】

① 了解 numpy 条件筛选的相关知识。

② 掌握 numpy 函数：take、where。

③ 掌握指定行列索引编号，根据>、=、<返回符合条件的数据。

PPT：任务 3.5
获取条件筛选
的数据

【知识准备】

1. 将条件逻辑表述为数组运算

numpy.where 函数是三元表达式 x if condition else y 的矢量化版本。
语法格式：

微课 3-9
获取条件筛选
的数据

np.where（条件表达式，满足条件操作，不满足条件操作）

函数说明：

当满足"条件表达式"时，执行"满足条件操作"；不满足"条件表达式"时，执行"不满足条件操作"。

实例代码：

假设有一个布尔数组和两个值数组。

```
# 导入 numpy 模块
import numpy as np
```

```
# 创建一个布尔数组
cond = np.array([True, False, True, True, False])
print(cond)
# 创建两个值数组
arr1 = np.array([1.1, 1.2, 1.3, 1.4, 1.5])
arr2 = np.array([2.1, 2.2, 2.3, 2.4, 2.5])
print(arr1, '\n', arr2)
```

输出结果：

```
[ True False  True  True False]
[1.1 1.2 1.3 1.4 1.5]
 [2.1 2.2 2.3 2.4 2.5]
```

2. 列表推导式

以上例子中，假设想要根据 cond 中的值选取 arr1 和 arr2 的值，当 cond 中的值为 True 时，选取 arr1 的值，否则从 arr2 中选取。此时，使用列表推导式的程序代码应该如下。

```
# 使用列表推导式实现业务需求
result = [(x if c else y) for x,y,c in zip(arr1,arr2,cond)]
print(result)
```

输出结果：

```
[1.1, 2.2, 1.3, 1.4, 2.5]
```

这样，虽然能够得到结果，但是存在以下两个问题。

● 对大数组的处理速度不是很快（因为所有工作都是由 Python 完成）。

● 无法用于多维数组。

若使用 np.where，则可以将该功能的程序代码写得较简洁。

```
# 使用 np.where 实现需求更加简洁
result = np.where(cond, arr1, arr2)
print(result)
```

输出结果：

[1.1 2.2 1.3 1.4 2.5]

np.where 的第 2 个和第 3 个参数不必是数组，它们也可以是标量值。

3. 使用 where 实现不同的赋值操作

假设有两个布尔型数组 cond1 和 cond2，希望根据 4 种不同的布尔值组合实现不同的赋值操作。

实例代码：

① 使用 for 循环描述 4 种布尔值组合情况。

```
result = []
for i in range(n):
    if   cond1[i] and cond2[i]: # 都为 True
        result.append(0)
    elif cond1[i]: # cond1 为 True
        result.append(1)
    elif cond2[i]: # cond2 为 True
        result.append(2)
    else: # 都为 False
        result.append(3)
```

② 使用 np.where 描述 4 种布尔值组合情况。

```
# 使用 np.where 嵌套快速实现
np.where(cond1 & cond2, 0, np.where(cond1, 1, np.where(cond2, 2, 3)))
```

说明：这是典型的 np.where 函数嵌套应用。

【任务实施】

接下来完成修改数组，本任务主要利用 np.where 修改数组的值，要求如下。

① 构建一个随机的 4 行 4 列标准正态分布的二维数组。

② 使用 where 实现对以上生成的二维数组重新赋值，整数为 2，否则为-2。

③ 使用 where 实现对以上生成的二维数组的正值赋值为 2，否则保留原值。

微课 3-10
利用 np.where
修改数组的值

步骤 1: 导入 numpy 模块。

源代码

```
import numpy as np
```

步骤 2: 创建矩阵数组。

使用 random.randn( )函数随机生成一个 4×4 标准正态分布二维矩阵数组,并打印输出。

```
arr = np.random.randn(4,4)
print(arr)
```

输出结果:

```
# 随机生成的二维矩阵数组
[[ 0.53331669 -1.83824834 -0.51675391 -1.58475886]
 [-0.37773667 -0.45611116  0.21074311  0.79012129]
 [-0.44010375  0.12920382  0.45699086 -0.2885215 ]
 [ 0.07060853  0.47023189 -0.99005897 -0.87852714]]
```

步骤 3: 数组转换。

使用 np.where( )函数进行条件判断操作。

```
arr_temp = np.where(arr>0, 2, -2)
print(arr_temp)
```

输出结果:

```
# np.where 转换后的数组
[[ 2 -2 -2 -2]
 [-2 -2  2  2]
 [-2  2  2 -2]
 [ 2  2 -2 -2]]
```

步骤 4: 数组再转换。

使用 where( )函数进行条件判断,只将正值转换成 2。

```
arr_temp = np.where(arr>0, 2, arr)
print(arr_temp)
```

输出结果:

 # np.where 只将正值转换成 2 的结果

```
[[ 2.          -1.83824834   -0.51675391   -1.58475886]
 [-0.37773667  -0.45611116    2.            2.        ]
 [-0.44010375   2.            2.           -0.2885215 ]
 [ 2.           2.           -0.99005897   -0.87852714]]
```

说明：传递给 where 的数组大小可以不相等，甚至可以是标量。

任务 3.6　计算数组的基础统计信息

【任务目标】

PPT：任务 3.6 计算数组的基础统计信息

① 了解计算数组的基础统计相关知识。

② 掌握 numpy 函数：min/max、argmin/argmax、sum、mean、count_average。

【知识准备】

微课 3-11 计算数组基础统计信息的方法

1. 数学和统计方法

可以通过数组上的一组数学函数对整个数组或某个轴向的数据进行统计计算。sum、mean 以及标准差 std 等聚合计算（aggregation，约简）既可作为数组的实例方法调用，也可以作为顶级 numpy 函数使用。

表 3-7 列出了常见的基本数组统计方法。

表 3-7　基本数组统计方法

函　　数	说　　明
sum	对数组中全部或某轴向的元素求和。零长度的数组的 sum 为 0
mean	算数平均数。0 长度数组的 mean 为 NaN
std、var	分别为标准差和方差，自由度可调（默认为 n）
min、max	最大值和最小值
argmin、argmax	分别为最大和最小元素的索引
cumsum	所有元素的累计和
cumprod	所有元素的累计积

2. 用于布尔型数组的方法

在表 3-7 列出的方法中，布尔值会被强制转换为 1（True）和 0（False）。因此，sum 经常用来对布尔型数组中的 True 值统计计数。

实例代码：

```
# 导入 numpy 模块
import numpy as np


# 创建一个一维数组
arr = np.random.randn(10)
print(arr)
# 统计大于 0 的元素个数
print((arr>0).sum( ))
```

输出结果：

```
# 随机生成正态分布的一维数组
[0.68237698 -0.53809587   1.39959911 -0.30086269   1.62945614   1.04190137
0.11063141   0.79559089 -0.21061529   0.55001689]
# 统计元素大于 0 的个数
7
```

另外还有两个函数 any 和 all，它们对布尔型数组非常有用。

● any( )用于检测数组中是否存在一个或多个 True 值。

● all( )用于检测数组中所有值是否都为 True。

实例代码：

```
# 使用条件逻辑表述操作将 arr 转换成布尔型数组
arr_bool = np.where((arr>0), True, False)
print(arr_bool)


# 使用 any 函数检测数组中是否存在 True 值
print(arr_bool.any( ))
# 使用 all 函数检测数组中所有值是否都为 True
```

```
print(arr_bool.all( ))
```

输出结果：

```
[False    True    True    True    True False False False False    True]
True
False
```

说明：这两个方法也能用于非布尔型数组，所有非 0 元素将视为 True。

【任务实施】

本实例进行数组基础信息统计。

1. 使用 mean( )和 sum( )函数实现数组统计

微课 3-12
数组基础信息
统计任务实施

使用 numpy 模块中 mean( )和 sum( )函数进行数组统计，要求如下。

① 通过 numpy 模块随机创建一个 5 行 4 列的正态分布二维数组。

② 通过 mean( )函数计算数组每行的平均值和数组整体数据平均值。

③ 通过 sum( )函数计算数组每列数值元素的和以及数组所有数据元素的和。

源代码

步骤 1：导入 numpy 模块。

```
import numpy as np
```

步骤 2：创建随机数组。

通过 numpy 模块创建一个 5 行 4 列的正态分布二维数组，并打印输出。

```
arr = np.random.randn(5,4)
print(arr)
```

步骤 3：一维计算。

计算一维数组（y 轴方向得到行计算结果）各元素的平均值，并打印输出；同时计算二维数组的所有元素的平均值并打印输出。

```
print(arr.mean(axis=1))        # 与 np.mean(arr) 等价
print(arr.mean( ))
```

步骤 4：0 维计算。

计算 0 维数组（x 轴方向得到列计算结果）各元素的和，并打印输出；同时计算二维数组中所有元素的和并打印输出。

```
print(arr.sum(axis=0))
print(arr.sum( ))
```

输出结果：

```
[[-0.85927793   0.42490918 -1.00400449   0.91906642]
 [-0.10204463   0.29110849   0.61684534   1.60579984]
 [ 0.39222449   0.59797035 -0.30343852 -1.0536019 ]
 [-0.21958679   0.6673593  -1.08203835   1.09568219]
 [ 2.34661041 -0.47024747   1.48047189 -0.66734696]]


[-0.1298267    0.60292726 -0.0917114    0.11535408   0.67237197]
0.23382304188183461
[ 1.55792555   1.51109984 -0.29216413   1.89959958]
4.676460837636692
```

2. 使用 cumsum( )和 cumprod( )函数实现数组统计

使用 cumsum( )和 cumprod( )函数实现数组统计，这两个函数属于不聚合函数，能够产生一个由中间结果组成的数组。要求如下。

① 使用 numpy 模块生成 3 行 3 列的静态二维数组，数组元素为 0～8，并打印输出。

② 使用 cumsum( )函数对数组元素的值进行累加，并打印输出。

③ 使用 cumprod( )函数对数组元素的值进行乘积，并打印输出。

源代码

步骤 1：导入 numpy 模块。

```
import numpy as np
```

步骤 2：生成二维数组。

使用 numpy 生成一个静态二维数组，并打印输出。

```
arr = np.array([[0,1,2],[3,4,5],[6,7,8]])
print(arr)
```

步骤 3：数值元素运算。

使用 cumsum( )函数和 cumprod( )函数对二维元素进行求和与求积，并打印输出。

```
# 所有元素的累计和
```

```
print(arr.cumsum(0))
# 所有元素的累计积
print(arr.cumprod(0))
```

输出结果：

```
[[0 1 2]
 [3 4 5]
 [6 7 8]]
[[ 0  1  2]
 [ 3  5  7]
 [ 9 12 15]]
[[ 0  1  2]
 [ 0  4 10]
 [ 0 28 80]]
```

任务 3.7　修改数据集合

【任务目标】

① 掌握 numpy 数组元素修改的方法，如 append、delete、insert。
② 掌握 numpy 数组元素合并的方法，如 concatenate/vstack/hstack。
③ 掌握 numpy 数组元素拆分的方法，如 split/vsplit/hsplit。

PPT：任务 3.7
修改数据集合

【知识准备】

1. numpy 数组元素修改的方法

numpy 矩阵操作主要有 delete( )、insert( )、append( )等函数，分别执行删除、插入和添加的操作。

注意：append( )可以看成 insert( )函数的特殊情况，即在尾部补充可以看成插入最后一行或列。

（1）delete( )函数
语法格式：

微课 3-13
numpy 数组
元素的编辑

```
numpy.delete(arr,obj,axis=None)
```

函数说明：

axis 表明哪个维度的向量应该被移除。axis 如果为 None，则需要先将矩阵拉平，再删除第 obj 的元素。

obj 表明 axis 维度的哪一行（或列）应该被移除。

（2）insert( )函数

语法格式：

```
numpy.insert(arr,obj,value,axis=None)
```

函数说明：

value 表示插入的数值。

arr 表示目标向量。

obj 表示目标向量的 axis 维度的目标位置。

axis 表示想要插入的维。

（3）append( )函数

语法格式：

```
numpu.append(arr,values,axis=None)
```

函数说明：

将 values 插入到目标 arr 的最后，其中 values 与 arr 应该有相同维度。

2. numpy 数组元素合并的方法

在 numpy 中，利用 concatenate( )、stack( )、hstack( )和 vstack( )等函数可实现数组的连接操作。

（1）concatenate( )函数

该函数用于沿着指定轴连接相同形状的两个或多个数组。

语法格式：

```
numpy.concatenate((arr1,arr2,…,arrn),axis)
```

函数说明：

arr1,arr2,…,arrn 表示相同维度的数组序列。

axis 表示沿着着它连接数组的轴，默认为 0。

（2）stack( )函数

该函数能实现沿新轴连接数组序列。此功能是 numpy1.10.0 版本的新增功能。

语法格式：

numpy.stack(arrays,axis)

函数说明：

arrays 表示相同形状的数组序列。

axis 表示返回数组中的轴，输入数组沿着它来堆叠。

（3）hstack( )函数

该函数可通过堆叠生成水平的单个数组。

语法格式：

numpy.hstack(arrays)

函数说明：

arrays 表示相同形状的数组序列。

（4）vstack( )函数

该函数可通过堆叠生成竖直的单个数组。

语法格式：

numpy.vstack(arrays)

函数说明：

arrays 表示相同形状的数组序列。

3. numpy 数组元素拆分的方法

在 numpy 中，利用 split( )、hsplit( )和 vsplit( )等函数可实现数组的分割操作。

（1）split( )函数

该函数可沿特定的轴将数组分割为子数组。

语法格式：

numpy.split(arr,indices_or_sections,axis)

函数说明：

arr 表示被分割的数组。

indices_or_sections 表示从 arr 数组创建的大小相同的子数组的数量，可以为整数。如果该参数是一维数组，则该参数表示在 arr 数组中的分割点，arr 数组将按照分割点来分割数组。

axis 表示返回数组中的轴，默认为 0，表示竖直方向分割，1 表示水平方向分割。

（2）hsplit( )函数

该函数是 split( )函数的特例，它是将数组沿着水平方向分割，即将一个数组按列分割为多个子数组。

语法格式：

numpy.hsplit(arr,indices_or_sections)

函数说明：

arr 表示被分割的数组。

indices_or_sections 表示将 arr 数组创建为大小相同的子数组的数量。如果该参数是一维数组，则该参数表示在 arr 数组中的分割点，arr 数组将按照分割点来分割数组。

（3）vsplit( )函数

该函数是 split( )函数的特例，它是将数组沿着竖直方向分割，即将一个数组按行分割为多个子数组。

语法格式：

numpy.vsplit(arr,indices_or_sections)

函数说明：

arr 表示被分割的数组。

indices_or_sections 表示将 arr 数组创建为大小相同的子数组的数量。如果该参数是一维数组，则该参数表示在 arr 数组中的分割点，arr 数组将按照分割点来分割数组。

【任务实施】

接下来完成 numpy 数据元素操作案例。

1. numpy 数组元素的修改

使用 numpy 模块定义一个 3 行 4 列的静态二维数组，要求如下。

① 删除第 2 行元素并打印输出。

② 删除第 2 列元素并打印输出。

③ 删除第 2 行元素拉平数据元素变为一维数组，并打印输出。

微课 3-14
numpy 数组
元素操作

④ 删除前两列元素并打印输出。

⑤ 二维数组中第 2 行插入一行数据元素。

⑥ 二维数组中第 1 列插入一列数据元素。

⑦ 二维数组中第 4 行插入一行数据元素。

⑧ 二维数组末尾中添加一行数据元素。

⑨ 二维数组末尾添加一列数据元素。

⑩ 二维数组拉平后末尾添加一行数据元素。

源代码

步骤 1：创建二维数组。

导入 numpy 模块，并定义一个值在 1～12 的 3 行 4 列的静态数组。

```
import numpy as np
matrix = [
    [1,2,3,4],
    [5,6,7,8],
    [9,10,11,12]
]
```

步骤 2：删除数组中元素。

删除数组中第一行（初始值为 0）的数组，并打印输出；删除数组第一列（初始值为 0）的数组，并打印输出；删除数组中第一个元素，拉平数组并打印输出；删除第 0、1（初始值为 0）两列后，打印输出原数组。

```
p1 = np.delete(matrix, 1, 0)    # 第 0 维度（行）第 1 行被删除（初始行为 0 行）
print('>>>>p1>>>>\n',p1)
p2 = np.delete(matrix, 1, 1)    # 第 1 维度（列）第 1 列被删除（初始行为 0 列）
print('>>>>p2>>>>\n',p2)
p3 = np.delete(matrix, 1)       # 删除第 1 个元素后返回，拉平一维数组（初始为第 0 个）
print('>>>>p3>>>>\n',p3)
p4 = np.delete(matrix, [0,1], 1)    # 第 1 维度（列）第 0、1 行被删除
print('>>>>p4>>>>\n',p4)
```

步骤 3：数组中插入元素。

原二维数组中在第 1 行（初始为 0）插入[1,1,1,1]，并打印输出；在第 0 列插入[1,1,1]，并打印输出；在第 3 行（初始为 0）插入[1,1,1,1]后，打印输出。

```
q1 = np.insert(matrix, 1, [1,1,1,1], 0) # 第0 维度（行）第1 行添加[1,1,1,1]
print('>>>>q1>>>>\n',q1)
q2 = np.insert(matrix, 0, [1,1,1], 1) # 第1 维度（列）第0 列添加[1,1,1]（列）
print('>>>>q2>>>>\n',q2)
q3 = np.insert(matrix, 3, [1,1,1,1], 0) # 第0 维度（行）第3 行添加[1,1,1,1]
print('>>>>q3>>>>\n',q3)
```

步骤 4：尾部添加元素。

在原数组尾部添加一行元素[1,1,1,1]，并打印输出；原数组列尾部添加[[1],[1],[1]]3 个
元素，并打印输出；原数组在最后一列添加[[1],[1],[1]]3 个元素，并打印输出；添加一行
[1,1,1,1]，然后返回，拉平一维数组后并打印输出。

```
m1 = np.append(matrix,[[1,1,1,1]],axis=0)
# 第0 维度（行）尾部添加[[1,1,1,1]],注意两个[],相同维度
print('>>>>m1>>>>\n',m1)
m2 = np.append(matrix,[[1],[1],[1]],axis=1)
# 第1 维度（列）尾部添加[[1],[1],[1]],注意两个[],相同维度
print('>>>>m2>>>>\n',m2)
m3 = np.append(matrix,[1,1,1,1])
# 在尾部拉平添加[1,1,1,1]，这里[[1,1,1,1]]和[1,1,1,1]均可
print('>>>>m3>>>>\n',m3)
```

2. numpy 数组元素的分割

本项目主要使用 split( )函数对数组进行分割，要求如下。

① 创建一个二维数组 arr1 和一个一维数组 arr2。

② 将 arr1 分割成 2 个一维数组，并打印输出。

源代码

③ 将 arr1 水平分割成 3 个二维数组，并打印输出。

④ 将 arr2 在数组元素索引 2 和 4 位置（包括 4）进行切割，分成 3 个一维数组。

⑤ 将 arr1 水平分割，返回 3 个 1 行 2 列的二维数组。

⑥ 将 arr1 竖直分割成 2 个 1 行 3 列的二维数组。

⑦ 将 arr2 在数组元素索引 2 和 4 的位置（包括 4）水平分割，返回 3 个一维数组。

步骤 1：创建数组。

导入 numpy 模块，使用模块创建两个数组，分别为 arr1、arr2，打印并输出数组。

```
import numpy as np
arr1 = np.array([[1,2,3], [4,5,6]])      # 创建数组 arr1
print('第 1 个数组 arr1：',arr1)
arr2 =np.arange(9)                       # 创建数组 arr2
print('第 2 个数组 arr2：',arr2)
```

步骤 2：使用 split( )函数分隔数组。

使用 split( )函数分隔 arr1 和 arr2，主要内容如下。

① 竖直分隔 arr1，返回 2 个 1 行 3 列的二维数组。

② 水平分隔 arr1，返回 3 个 2 行 1 列的二维数组。

③ 竖直分隔 arr2，返回 3 个 1 行的一维数组，分隔位置分别为 2 和 4（包括 4）。

```
print('将 arr1 数组竖直分隔为 2 个大小相等的子数组：')
print (np.split(arr1,2))
print('将 arr1 数组水平分隔为 3 个大小相等的子数组：')
print (np.split(arr1,3,1))
print('将 arr2 数组在一维数组中标明的位置分隔：')
print (np.split(arr2, [2, 5]))
```

步骤 3：使用 hsplit( )函数和 vsplit( )函数分隔数组。

使用 hsplit( )函数和 vsplit( )函数实现。

① 水平分隔 arr1，返回 3 个 2 行 1 列的二维数组。

② 竖直分隔 arr1，返回 2 个 1 行 3 列的二维数组。

③ 竖直分隔 arr2，返回 3 个 1 行的一维数组，分割位置分别为 2 和 4（包括 4）。

```
print ('arr1 数组水平分隔：')
print(np.hsplit(arr1,3))
print ('arr1 数组竖直分隔：')
print(np.vsplit(arr1,2))
print ('arr2 数组水平分隔：')
print (np.hsplit(arr2, [2, 5]))
```

3. numpy 数组元素的连接。

本项目主要使用 concatenate( )、stack( )函数对数组进行连接，要求如下：

① 使用 numpy 创建 2 个 2 行 3 列的二维数组，分别为 arr1 和 arr2，并打印输出。

② 使用 concatenate( )函数将 arr1 和 arr2 沿 0 轴方向连接，打印输出 4 行 3 列的二维数组。

③ 使用 concatenate( )函数将 arr1 和 arr2 沿 1 轴方向连接，打印输出 2 行 6 列二维数组。

④ 使用 stack( )函数将 arr1 和 arr2 沿 0 轴方向堆叠，打印输出 2 个 2 行 3 列的二维数组。

⑤ 使用 stack( )函数将 arr1 和 arr2 沿 1 轴方向堆叠，打印输出 2 个 2 行 3 列的二维数组。

⑥ 使用 hstack( )函数将 arr1 和 arr2 沿 0 轴方向堆叠，打印输出 1 个 2 行 6 列的二维数组。

⑦ 使用 vstack( )函数将 arr1 和 arr2 沿 1 轴方向堆叠，打印输出 1 个 4 行 3 列的二维数组。

步骤 1：创建数组。

导入 numpy 模块，并创建 2 个数组 2 行 3 列的二维数组 arr1 和 arr2。

```
import numpy as np
arr1 = np.array([[1,2,3], [4,5,6]])          # 创建数组 arr1
print('第 1 个数组 arr1：',arr1)
arr2 = np.array([['a',8,9], ['b',11,12]])    # 创建数组 arr2
print('第 2 个数组 arr2：',arr2)              # 注意两个数组的维度相同
```

步骤 2：使用 concatenate( )函数连接数组。

使用 concatenate( )函数对 arr1 和 arr2 两个数组连接，分别沿 0 轴和 1 轴进行连接，打印并输出结果。

```
print('沿轴 0 连接两个数组：')
print(np.concatenate((arr1, arr2)))
print('沿轴 1 连接两个数组：')
print(np.concatenate((arr1, arr2),axis=1))
```

步骤 3：使用 stack( )函数堆叠。

使用 stack( )函数沿 0 和 1 轴向分别进行堆叠两个数组，打印并输出结果。

```
print('沿轴 0 堆叠两个数组：')
print(np.stack((arr1, arr2),0))
print('沿轴 1 堆叠两个数组：')
```

```
print(np.stack((arr1, arr2),1))
```

步骤 4：使用 hstack( )和 vstack( )函数堆叠。

使用 hstack( )函数和 vstack( )函数分别将 arr1 和 arr2 两个数组进行水平堆叠和竖直堆叠。

```
print('水平堆叠：')
print(np.hstack((arr1,arr2)))
print('竖直堆叠：')
print(np.vstack((arr1,arr2)))
```

任务 3.8 数组运算操作

【任务目标】

PPT：任务 3.8
数组运算操作

① 理解 numpy 数组的相关知识。

② 掌握一维和二维数组与标量的加、减、乘、除运算。

③ 掌握相同 shape 的数组之间元素级运算。

【知识准备】

微课 3-15
numpy 数组
运算

1. 数组矢量运算

数组能够使人们不用编写复杂的循环语句就可以对数据执行批量运算。这过程通常就称为矢量化（Vectorization）。大小相等的数组之间的任何算术运算都会将运算应用到元素级。

实例代码：

首先，创建一个二维数组 arr（浮点型）。

```
# 导入 numpy 模块
import numpy as np

# 创建一个二维数组（浮点类型）
arr = np.array([np.arange(1,5), np.arange(6,10)], dtype=np.float64)
print('arr 数组：\n', arr)
```

输出结果：

arr 数组：

[[1. 2. 3. 4.]
 [6. 7. 8. 9.]]

（1）矩阵自乘

二维数组中的每个元素都乘以自身得到一个新的结果。

```
# 矩阵自乘
arr1 = arr * arr
print('arr1 矩阵自乘结果：\n', arr1)
```

输出结果：

arr1 矩阵自乘结果：

[[1. 4. 9. 16.]
 [36. 49. 64. 81.]]

（2）矩阵自减

二维数组中的每个元素都减去自身得到一个新的结果。

```
# 矩阵自减
arr2 = arr - arr
print('arr2 矩阵自减结果：\n', arr2)
```

输出结果：

arr2 矩阵自减结果：

[[0. 0. 0. 0.]
 [0. 0. 0. 0.]]

（3）与标量相除

一个标量数字除以二维数组中的每个元素得到一个新的结果。

```
# 与标量相除
arr3 = 1 / arr
print('arr3 矩阵与标量除法结果：\n', arr3)
```

输出结果：

arr3 矩阵与标量除法结果：

```
[[1.          0.5         0.33333333  0.25      ]
 [0.16666667  0.14285714  0.125       0.11111111]]
```

（4）矩阵 1/2 次幂运算

二维数组中的每个元素计算自身 1/2 次幂得到一个新的结果。

```
# 矩阵 1/2 次幂运算
arr4 = arr ** 0.5
print('arr4 矩阵 1/2 次幂运算结果：\n', arr4)
```

输出结果：

```
arr4 矩阵 1/2 次幂运算结果：
 [[1.          1.41421356  1.73205081  2.        ]
  [2.44948974  2.64575131  2.82842712  3.        ]]
```

2. numpy 模块在线性代数中的应用

线性代数（如矩阵乘法、矩阵分解、行列式以及其他方阵数学等）是任何数组库的重要组成部分。不像某些语言（如 Matlab），通过*对两个二维数组相乘得到的是一个元素级的积，而不是矩阵点积。因此，numpy 提供了一个用于矩阵乘法的 dot 函数（既是一个数组的方法，也是 numpy 命名空间中的一个函数）。numpy.linalg 中有一组标准的矩阵分解运算以及诸如求逆和行列式之类的操作。跟 Matlab 语言等所使用的是相同的行业标准级 Fortran 库。

表 3-8 列出了常用的 numpy.linalg 函数。

表 3-8　numpy.linalg 函数

函　　数	说　　明
diag	以一个一维数组的形式返回方阵的对角线（或非对角线）元素，或将一维数组转换为方阵（非对角线元素为 0）
dot	矩阵乘法
trace	计算对角线元素的和
det	计算矩阵行列式
eig	计算方阵的本征值和本征向量
inv	计算方阵的逆
pinv	计算矩阵的 Moore-Penrose 伪逆

续表

函　　数	说　　明
qr	计算 QR 分解
svd	计算奇异值分解
solve	解线性方程组 Ax = b，其中 A 为一个方阵
lstsq	计算 Ax = b 的最小二乘值

【任务实施】

接下来完成数组运算案例。

1. 使用 dot( )函数实现矩阵乘法

使用 numpy 完成矩阵乘法，要求如下：

① 使用 numpy 模块创建一个 2 行 3 列填充数值的二维数组 arr1。

② 创建一个 3 行 3 列填充数值的二维数组 arr2。

③ 使用 dot( )函数实现 arr1 和 arr2 的矩阵乘法。

④ 创建一个 1 行 3 列的一维全 1 数组，并使用 dot( )函数实现 arr1 与全 1 数组的矩阵乘法。

微课 3-16
数组运算主要
函数的应用

源代码

步骤 1：导入 numpy 模块。

```
import numpy as np
```

步骤 2：创建二维数组。

使用 np.arange( )函数分别创建 2 行 3 列的 arr1 和 3 行 3 列的 arr2 两个二维数组，并打印输出。

```
# 创建一个 2 行 3 列的二维数组
arr1 = np.arange(6).reshape((2,3))
print(arr1)
# 创建一个 3 行 3 列的二维数组
arr2 = np.arange(9).reshape((3,3))
print(arr2)
```

步骤 3：实现矩阵乘法。

使用 dot( )函数实现 arr1 和 arr2 两个二维数组的矩阵乘法，打印并输出结果。

```
print(arr1.dot(arr2))        # 等价 np.dot(arr1,arr2)
```

步骤 4：实现数组降维。

使用 dot( )函数实现 arr1 和一个一维 3 列的一维全 1 数组的矩阵乘法，二维矩阵与一维矩阵点积运算后得到一个一维数组，打印并输出结果。

```
print(np.dot(arr1, np.ones(3)))
```

输出结果：

```
# arr1 是一个 2 行 3 列数组
[[0 1 2]
 [3 4 5]]
# arr2 是一个 3 行 3 列数组
[[0 1 2]
 [3 4 5]
 [6 7 8]]
# arr1 乘 arr2 的结果
[[15 18 21]
 [42 54 66]]
# arr1 乘 "全 1" 一维数组的结果
[ 3. 12.]
```

2. 矩阵逆值和 QR 分解计算

对数组进行线性代数运算，具体要求如下。

① 生成一个 5×5 的正态分布二维数组 arr，并打印输出。

② 使用 pinv( )函数对以上数组进行矩阵逆运算，并打印输出结果。

③ 使用 qr( )函数实现以上数组的矩阵 QR 分解，并打印输出结果。

源代码

步骤 1：导入 numpy。

```
import numpy as np
```

步骤 2：使用 linalg 创建数组。

导入 linalg，并创建一个 5×5 的正态分布二维数组矩阵。

```
from numpy.linalg import inv, qr
```

```
arr = np.random.randn(5,5)
print(arr)
```

步骤 3：矩阵 QR 分解。

使用 pinv( )函数对以上数组进行矩阵逆运算，并打印输出结果；使用 qr( )函数实现以上数组的矩阵 QR 分解，r 得到上三角矩阵，打印并输出结果。

```
print(inv(arr))
q,r = qr(arr)
print(r)
```

输出结果：

```
[[ 1.02603088 -1.34356728   0.61224661 -2.094322     -1.99751802]
 [ 0.09064586 -1.51834761 -0.42814615 -0.89805683   0.98120982]
 [ 0.72049414 -0.91032185   0.18382913   1.48264944   0.54819589]
 [ 0.96444724   1.11137025 -1.84671046   0.73093452 -0.43470163]
 [-3.10045964   0.75822633 -0.72485933   1.23164511   0.5946509 ]]
[[-0.11167493 -0.01812995   0.04813177   0.09704397 -0.31864723]
 [-0.29550187 -0.25454384 -0.40525704 -0.00091412 -0.19969114]
 [-0.11025344 -0.31664456   0.01365732 -0.43363043 -0.17745743]
 [ 0.0519637  -0.21587924   0.47210679   0.05965453   0.13915086]
 [-0.44749849   0.29118685 -0.19349373 -0.14499307 -0.2296439 ]]
[[-3.48182083   0.99116161 -0.34124799   1.22801324   1.09957942]
 [ 0.           2.40143458 -1.08419281   1.39782356 -0.17787194]
 [ 0.           0.           1.79882866 -0.51879004 -0.54935132]
 [ 0.           0.           0.           2.38978758   1.31519808]
 [ 0.           0.           0.           0.          -1.58861534]]
```

任务 3.9　使用 pandas 处理数据

【任务目标】

① 理解 pandas 的 Series 和 DataFrame 相关知识。

② 掌握从 numpy array 构造 DataFrame 的方法。

③ 掌握 DataFrame 数据切片的方法。

④ 掌握合并 DataFrame 的方法。

PPT：任务 3.9
使用 pandas
处理数据

【知识准备】

1. pandas 模块

pandas 是 Python 在科学计算和数据分析领域的核心模块。pandas 是基于 numpy 构建的，其特色功能如下。

- 具备按轴自动或显示数据对其功能的数据结构。
- 集成时间序列功能。
- 既能处理时间序列数据，也能处理非时间序列数据的数据结构。
- 数学运算和约简（如对某个轴求和）可以根据不同的元数据（轴编号）执行。
- 灵活处理缺失数据。

2. pandas 模块的安装

由于 pandas 模块不是 Python 的标准模块库，因此需要在系统中安装该模块。

Windows 中安装 pandas 模块指令。

```
pip install -U pandas
```

Python 程序中导入 pandas 模块。

```
# 导入 pandas 模块
import pandas as pd    # 推荐使用，给模块起别名
# 导入 Series 和 DataFrame
from pandas import Series,DataFrame
```

说明：关于别名，只要在代码中看到 pd，就要想到这是 pandas。由于 Series 和 DataFrame 是 pandas 中两个主要的数据结构，且它们的使用频率非常高，所以将其引入到本地命名空间中会更加方便。

3. pandas 的数据结构——Series

pandas 模块的两个主要数据结构：Series 和 DataFrame，它们为大多数应用提供了一种可靠的、易于使用的基础。

微课 3-17
pandas 的数据
结构——Series

（1）Series 对象

Series 是一种类似于一维数组的对象，它由一组数据（各种 numpy 数据类型）以及一组与之相关的数据标签（即索引）组成。

实例代码（由一组数据产生最简单的 Series）：

```
# 导入 pandas 模块中的 Series
from pandas import Series

# 使用列表作为参数快速构建一个 Series 对象
obj = Series([2,1,7,-4,9])
print(obj)
```

输出结果：

```
0    2
1    1
2    7
3   -4
4    9
dtype: int64
```

根据输出结果可以看出 Series 的字符串表现形式：索引在左边，值在右边。由于这里没有为数据指定索引，于是会自动创建一个 0 到 N-1（N 为数据的长度）的整型索引。

实例代码（显示 Series 对象的 values 值和 index 值）：

可以通过 Series 的 values 和 index 属性获取其数组表示形式和索引对象。

```
# 输出 Series 对象的 values 值
print(obj.values)
# 输出 Series 对象的 index 值
print(obj.index)
```

输出结果：

```
[ 2   1   7 -4   9]
RangeIndex(start=0, stop=5, step=1)
```

（2）实现自定义方式的索引

通常情况下，创建的 Series 对象带有一个可以对各个数据点进行标记的索引。这些索引也可以使用自定义的方式实现（若不自定义索引，则默认使用从 0 开始的正整数实现索引）。

语法格式：

```
Series（列表对象，index = 索引列表对象）
```

实例代码：

```
# 创建一个 series，自定义索引
obj = Series(['aa','bb','cc'], index=['a1','a2','a3'])
Print(obj)
# 输出 obj 的 index 索引
Print(obj.index)
```

输出结果：

```
# 指定索引值的 Series 对象输出
a1      aa
a2      bb
a3      cc
dtype: object
# 输出 obj 对象的 index 索引
Index([u'a1', u'a2', u'a3'], dtype='object')
```

（3）通过索引的方式取值

与普通 numpy 数组相比，可以通过索引的方式选取 Series 中的单个或一组值。

语法格式：

```
series 对象[索引值 或 索引值列表 ]
```

实例代码：

```
# 通过索引查找对应 value 值
print obj['a2']
# 给指定索引 value 值赋值
```

```
obj['a3'] = 'dd'
print obj['a3']
# 输出指定范围区域的索引值列表
print obj[['a1','a3']]
```

输出结果：

```
# obj['a2'] 输出
bb
# obj['a3'] 输出
Dd
# obj['a1','a3'] 输出
a1      aa
a3      dd
dtype: object
```

（4）使用字典参数创建 Series

语法格式：

```
Series（字典对象）
```

实例代码：

```
# 导入 pandas 模块中的 Series
from pandas import Series


# 创建一个字典
salarydata = {'alvin':5000, 'teresa':8000, 'elly':7500}
# 使用字典对象作为参数构建 Series 对象
obj = Series(salarydata)
# 输出 Series 对象 obj
print(obj)
```

输出结果：

```
alvin      5000
```

```
teresa      8000
elly        7500
dtype: int64
```

（5）为 Series 对象更换索引列表

实例代码：

```
# 导入 pandas 模块中的 Series
import pandas as pd
from pandas import Series


# 创建一个字典
countrydata = {'Beijin':'china', 'NewYork':'USA'}
obj = Series(countrydata)
print(obj)
# 创建一个新的索引列表
new_index = ['Beijin','NewYork','Pairs']
# 使用新索引列表创建 Series 对象 obj2
obj2 = Series(countrydata, new_index)
print(obj2)
```

输出结果：

```
Beijin      china
NewYork     USA
dtype: object
Beijin      china
NewYork     USA
Pairs       NaN
dtype: object
```

注意：替代的索引列表中的值与原索引列表中的值一致则保留，不一致则新增索引，但对应的值为缺失值。

本例中，countrydata 中跟 new_index 索引相匹配的那两个值会被找到并放到相应的位置上，但由于 Pairs 所对应的 countrydata 中找不到，所以结果为 NaN（及非数字 Not A Number）。在 pandas 中使用缺失（missing）或 NaN 表示缺失数据。

（6）判断 Series 中的缺失数据

pandas 的 isnull( )和 notnull( )函数可用于检测缺失数据。

实例代码（接上例）：

```
# 判断缺失数据
print(pd.isnull(obj2))
print(pd.notnull(obj2))
```

输出结果：

```
Beijin      False
NewYork     False
Pairs       True
dtype: bool
Beijin      True
NewYork     True
Pairs       False
dtype: bool
```

4. pandas 的数据结构——DataFrame

DataFrame 是一个表格型的数据结构，它含有一组有序的列，每列可以是不同的值类型（如数值、字符串、布尔值等）。DataFrame 既有行索引也有列索引，它可以被看成由 Series 组成的字典（共用同一个索引）。跟其他类似的数据结构相比，DataFrame 中面向行和面向列的操作基本上是平衡的。其实，DataFrame 中的数据是以一个或多个二维块存放的（而不是列表、字典或别的一维数据结构）。虽然 DataFrame 是以二维结构保存数据，但仍然可以轻松地将其表示为更高维度的数据（层次化索引的表格型结构，这是 pandas 中许多高级数据处理功能的关键要素）。

（1）构建 DataFrame

构建 DataFrame 的方法很多，最常用的一种是直接传入一个由等长列表或 numpy 数组组成的字典。

语法格式：

微课 3-18
pandas 的数据结构——DataFrame

DataFrame（字典对象）

实例代码：

```
# 导入 pandas 模块
import pandas as pd
# 导入 pandas 模块中的 DataFrame
from pandas import DataFrame
# 创建一个字典（具有等长的多个列表组成）
data = {'Number':[1,2,3,4,5],
        'Name':['Alvin', 'Teresa','Elly','James','Nancy'],
        'Scores':[98.5,100.0,93.0,98.5,90.5]}
# 创建 DataFrame 对象
frame = DataFrame(data)
print(frame)
```

输出结果：

	Number	Name	Scores
0	1	Alvin	98.5
1	2	Teresa	100.0
2	3	Elly	93.0
3	4	James	98.5
4	5	Nancy	90.5

说明：通过结果可以看出，DataFrame 以表格的形式呈现数据，同时会为每行数据自动添加一个自然正整数的索引（从 0 开始），且列的名称（即字典的 Key 值）会自动排序。

（2）按照指定序列显示 DataFrame 数据

语法格式：

DataFrame（字典对象,columns=字典 keys 指定序列顺序值列表）

实例代码（接上例）：

```
# 创建指定序列顺序的 DataFrame
frame2 = DataFrame(data,columns=['Number','Name','Scores'])
```

```
print(frame2)
```

输出结果：

	Number	Name	Scores
0	1	Alvin	98.5
1	2	Teresa	100.0
2	3	Elly	93.0
3	4	James	98.5
4	5	Nancy	90.5

跟 Series 对象一样，如果传入的列在数据中找不到，就会产生缺失值。

实例代码（接上例）：

```
# 缺失值显示
frame3 = DataFrame(data,columns=['Number','Name','Scores','Age'],

index=['No.01','No.02','No.03','No.04','No.05'])
print(frame3)
```

输出结果：

	Number	Name	Scores	Age
No.01	1	Alvin	98.5	NaN
No.02	2	Teresa	100.0	NaN
No.03	3	Elly	93.0	NaN
No.04	4	James	98.5	NaN
No.05	5	Nancy	90.5	NaN

（3）DataFrame 的访问操作

通过类似字典标记的方法或属性的方式，可以将 DataFrame 的列获取为一个 Series 对象。

语法格式：

```
Dataframe 对象[列名称]    或    dataframe 对象.列名称
```

实例代码（接上例）：

```
# 访问 DataFrame 对象
```

```
print(frame3['Name'])
print(frame3.Scores)
```

输出结果：

```
No.01      Alvin
No.02      Teresa
No.03       Elly
No.04      James
No.05      Nancy
Name: Name, dtype: object
No.01       98.5
No.02      100.0
No.03       93.0
No.04       98.5
No.05       90.5
Name: Scores, dtype: float64
```

注意：返回的 Series 对象拥有原 DataFrame 相同的索引，且其 name 属性也已经被相应设置好。还可以通过位置或名称的方式进行获取，如使用索引字段 ix：dataframe 对象.ix[索引编号]。

（4）DataFrame 数据操作

列可以通过赋值的方式进行修改。例如，可以给那个空的 Age 列赋值一个标量（即一个常量值）或一组值。

实例代码（接上例）：

```
# 为 Age 列赋值
frame3['Age'] = 16
print(frame3)
frame3['Age'] = np.arange(5)
print(frame3)
```

输出结果：

| | Number | Name | Scores | Age |

	Number	Name	Scores	Age
No.01	1	Alvin	98.5	16
No.02	2	Teresa	100.0	16
No.03	3	Elly	93.0	16
No.04	4	James	98.5	16
No.05	5	Nancy	90.5	16
	Number	Name	Scores	Age
No.01	1	Alvin	98.5	0
No.02	2	Teresa	100.0	1
No.03	3	Elly	93.0	2
No.04	4	James	98.5	3
No.05	5	Nancy	90.5	4

（5）Series 对象的精准赋值

将列表或数组赋值给某个列时，其长度必须跟 DataFrame 的长度相匹配。如果赋值的是一个 Series，就会精确匹配 DataFrame 的索引，所有空位都将被填上缺失值。

实例代码（接上例）：

```
# 使用 Series 对象赋值给 frame3
val = Series([20,21,22],index=['No.02','No.04','No.05'])
frame3['Age'] = val
print(frame3)
```

输出结果：

	Number	Name	Scores	Age
No.01	1	Alvin	98.5	NaN
No.02	2	Teresa	100.0	20.0
No.03	3	Elly	93.0	NaN
No.04	4	James	98.5	21.0
No.05	5	Nancy	90.5	22.0

（6）为不存在的列赋值

实例代码（接上例）：

```
# 为不存在的列赋值
```

```
frame3['classes'] = (frame3['Name'] =='Alvin')
print(frame3)
```

输出结果：

	Number	Name	Scores	Age	classes
No.01	1	Alvin	98.5	NaN	True
No.02	2	Teresa	100.0	NaN	False
No.03	3	Elly	93.0	NaN	False
No.04	4	James	98.5	NaN	False
No.05	5	Nancy	90.5	NaN	False

（7）表 3-9 列出了可以输入 DataFrame 构造器的数据类型

表 3-9 数 据 类 型

类　　　型	说　　　明
二维 ndarray	数据矩阵，还可以传入行标和列标
由数组、列表或元组组成的字典	每个序列会变成 DataFrame 的一列。所有序列的长度必须相同
numpy 的钢结构化/记录数组	类似于由数组组成的字典
由 Series 组成的字典	每个 Series 会成为一列。如果没有显示指定索引，则该 Series 的索引会被合并成结果的行索引
由字典组成的字典	各内层字典会成为一列。键会被合并成结果的行索引，跟由 Series 组成的字典的情况一样
字典或 Series 的列表	各项将会成为 DataFrame 的一行。字典键或 Series 索引的并集将会成为 DataFrame 的列标
由列表或元组组成的列表	类似于二维 ndarry
另一个 DataFrame	该 DataFrame 的索引将会被沿用，除非显式指定了其他索引
numpy 的 MaskedArray	类似于二维 ndarry 的情况，只是掩码值在 DataFrame 会变成缺失值

（8）显式指定索引

如果设置了 DataFrame 的 index 和 columns 的 name 属性，这些信息也会被显示出来。

实例代码：

```
# 导入 pandas 模块中的 DataFrame
from pandas import DataFrame

# 创建 DataFrame 对象
pop = {'Nevada':{2001:2.4,2002:2.9},
```

```
        'Ohio':{2000:1.5,2001:1.7,2002:3.6}}
frame = DataFrame(pop)
# name 属性输出
frame.index.name = 'year'
frame.columns.name = 'state'
print(frame)
```

输出结果：

```
state    Nevada   Ohio
year
2001       2.4    1.7
2002       2.9    3.6
2000       NaN    1.5
```

跟 Series 一样，values 属性也会以二维 ndarray 的形式返回 DataFrame 中的数据。

实例代码（接上例）：

```
# values 属性输出
print frame.values
```

输出结果：

```
[[2.4 1.7]
 [2.9 3.6]
 [nan 1.5]]
```

5. 索引对象

pandas 的索引对象负责管理轴标签和其他元数据（如轴名称等）。

构建 Series 或 DataFrame 时，所用到的任何数组或其他序列的标签都会被转换成一个 Index（索引）。

（1）使用指定索引方式创建 Series 对象

实例代码：

```
# 导入 pandas 模块中的类
from pandas import Series,DataFrame
```

```
# 使用指定索引方式创建 Series 对象
obj = Series(range(3),index=['a','b','c'])
# 获取 obj 对象的 Index 索引对象
index = obj.index
# 输出查看索引值
print(index)
print(index[1:])
```

输出结果：

```
Index(['a', 'b', 'c'], dtype='object')
Index(['b', 'c'], dtype='object')
```

Index 对象是不能修改的（immutable）。

实例代码（接上例）：

```
# 尝试修改 Index 对象的值
index[1] = 'd'
```

输出结果：

输出结果如图 3-10 所示。

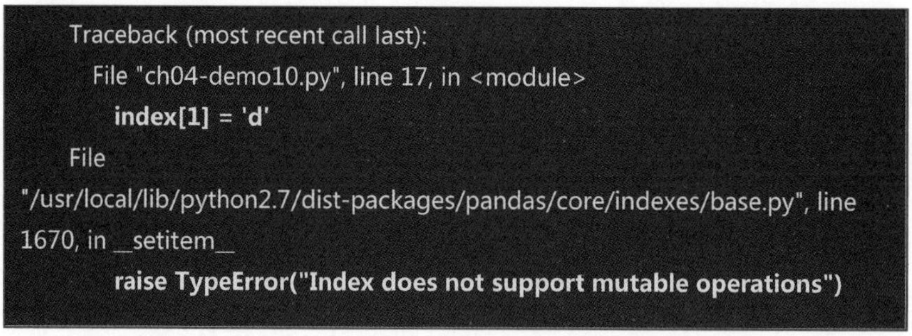

```
Traceback (most recent call last):
    File "ch04-demo10.py", line 17, in <module>
        index[1] = 'd'
    File
"/usr/local/lib/python2.7/dist-packages/pandas/core/indexes/base.py", line
1670, in __setitem__
        raise TypeError("Index does not support mutable operations")
```

图 3-10 输出结果

注意：不可修改性非常重要，因为这样才能使 Index 对象在多个数据结构之间安全共享。

（2）多个对象共享索引对象

实例代码：

```
# 导入 pandas 模块中的类
import pandas as pd
```

```
from pandas import Series,DataFrame

# 创建一个索引对象
index = pd.Index(range(3))
# 创建 Series 对象
obj_series = Series(['A', 'B', 'c'], index=index)
# 创建 DataFrame 对象
obj_frames = DataFrame({'C1': 'A', 'C2': 'B', 'C3': 'C'}, index=index)
# 输出两个对象
print(obj_series)
print(obj_frames)
```

输出结果：

```
0    A
1    B
2    c
dtype: object
   C1 C2 C3
0  A  B  C
1  A  B  C
2  A  B  C
```

（3）表 3-10 列出了 pandas 中主要的 Index 对象

表 3-10　主要 Index 对象

类　　型	说　　明
Index	最泛化的 Index 对象，将轴标签表示为一个由 Python 对象组成的 numpy 数组
Int64Index	针对整数的特殊 Index
MultiIndex	"层次化"索引对象，表示单个轴上的多层次索引，可以看成由元组组成的数组
PeriodIndex	针对 Period 数据（时间间隔）的特殊 Index

（4）Index 的方法和属性

除了"长"得像数组，Index 的功能也类似一个固定大小的集合。每个索引都有一些方法和属性，它们可用于设置逻辑并回答有关该索引包含数据的常见问题。

实例代码（Index 的 in 方法）：

```
# 导入 pandas 模块中的类
import pandas as pd
from pandas import DataFrame

# 创建 DataFrame 对象
pop = {'Nevada':{2001:2.4,2002:2.9},
        'Ohio':{2000:1.5,2001:1.7,2002:3.6}}
frame = DataFrame(pop)
# name 属性输出
frame.index.name = 'year'
frame.columns.name = 'state'

# 使用 in 方法查看索引和值是否存在
print('Ohio' in frame.columns)
print('2003' in frame.index)
```

输出结果：

```
True
False
```

表 3-11 列出了常用的 Index 的方法和属性。

表 3-11   Index 的方法和属性

类　型	说　明
append	连接另一个 Index 对象，产生一个新的 Index
diff	计算差交集，并得到一个 Index
intersection	计算交集
union	计算并集
isin	计算一个指示各值是否都包含在参数集合中的布尔型数组
delete	删除索引 i 处的元素，并得到新的 Index
drop	删除传入的值，并得到新的 Index
insert	将元素插入到索引 i 处，并得到新的 Index
unique	计算 Index 中唯一值的数组

【任务实施】

接下来完成 pandas 处理数据的任务案例。

1. Series 对象的各种运算

微课 3-19
Series 对象的
各种运算

numpy 数组运算（如根据布尔类型数组进行过滤、标量乘法、应用数学函数等）都会保留索引和值之间的映射关系，要求如下。

① 导入 numpy、pandas 模块，创建包含 4 个元素[3,-8,1,10]、元素索引 index=['d', 'b', 'a', 'c']的 Series 序列 obj，并打印输出。

② 使用布尔数组判断 obj 元素大于 0 的结果，并打印输出。

③ obj 标量乘以 2，并打印输出。

④ 使用 exp( )函数对 obj 元素求解 e 指数结果，并打印输出。

⑤ 判断在序列 obj 中是否存在'b'、'e'。

源代码

步骤 1：导入功能模块。

导入 numpy、pandas、Series 模块。

```
from pandas import Series
import pandas as pd
import numpy as np
```

步骤 2：创建 Series 对象。

创建一个新的 Series 对象 obj，序列元素分别为[3,-8,1,10]，对应的序列索引为['d','b','a','c']，最终打印 obj。

```
obj = Series([3,-8,1,10], index=['d','b','a','c'])
print(obj)
```

步骤 3：Series 运算。

① 打印 obj 元素中大于 0 的元素。

② 打印 obj 乘以 2 后的值。

③ 打印对 e 指数运算后的 obj 元素。

```
# 布尔型数组筛选操作 values 大于 0
print(obj[obj>0])
# 标量乘法运算
```

```
print(obj * 2)
# 求解指数 e 的 obj 各 values 值次方
print(np.exp(obj))
```

输出结果：

```
#series 对象 obj 输出
d      3
b     -8
a      1
c     10
dtype: int64
# 布尔数组条件筛选结果
d      3
a      1
c     10
dtype: int64
#series 对象标量运算结果
d      6
b    -16
a      2
c     20
dtype: int64
# 指数 e 的各 values 值次方
d        20.085537
b         0.000335
a         2.718282
c     22026.465795
dtype: float64
```

步骤 4：打印函数判断。

可以将 Series 看成是一个定长的有序字典，因为它是索引值到数据值的一个映射，可以用在许多原本需要字典参数的函数中。

```
# 查看索引值 b 是否为 Series 的成员
print('b' in obj)
print('e' in obj)
```

输出结果：

```
True
False
```

如果数据被存放在一个字典中，也可以直接通过这个字典来创建 Series。如果只传入一个字典，则 Series 中的索引就是字典对象的键 Key 值（自动进行有序排列）。

2. Series 对象自动补齐数据

Series 最重要的一个功能是：它在算术运算中会自动补齐不同索引的数据。假设 SeriesA 中有 SeriesB 中没有的数据，可以使用加号"+"来实现补齐操作（即 SeriesA+SeriesB），最终将得到一个拥有两个 Series 对象中所有值的对象（非共有的索引值均为 NaN），如图 3-11 所示。

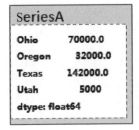

微课 3-20
Series 对象自动补齐数据

图 3-11　自动补齐结果

要求如下。

① 创建字典 A{'Ohio':35000,'Oregon':16000,'Texas':71000,'Utah':5000}，将字典 A 存入序列 A 中。

② 通过字典 A 中的数据建立新的索引 {'California','Ohio','Oregon','Texas'} 创建序列 B。

③ 使用 SeriesA+SeriesB 实现序列数据补齐操作，并打印输出。

④ 设置 SeriesB 的名称和序列索引的名称并打印 SeriesB。

步骤 1：导入功能模块。

导入 pandas 模块中的 Series。

源代码

```
from pandas import Series
```

步骤 2：创建 Series 对象。

创建两个数组 SeriesA 和 SeriesB。

```
# 创建 SeriesA
dictA = {'Ohio':35000, 'Oregon':16000, 'Texas':71000, 'Utah':5000}
seriesA = Series(dictA)
# 创建 SeriesB
new_index = {'California', 'Ohio', 'Oregon', 'Texas'}
seriesB = Series(dictA, new_index)
```

步骤 3：Series 对齐。

使用"+"号连接，实现 SeriesA 和 SeriesB 自动对齐。

```
print(seriesA + seriesB)
```

输出结果：

```
# seriesA + seriesB
California          NaN
Ohio               70000.0
Oregon             32000.0
Texas              142000.0
Utah               NaN
dtype: float64
```

Series 对象本身及其索引都有一个 name 属性，该属性跟 pandas 的其他关键功能关系非常密切。

步骤 4：属性设置。

设置 SeriesB 的名称属性为 population，设置索引属性名称为 state，然后打印 SeriesB。

```
# 设置 SeriesB 的 name 属性
seriesB.name = 'population'
# 设置 SeriesB 的 index 名称
seriesB.index.name = 'state'
print(seriesB)
```

输出结果：

```
state
Ohio            35000.0
Texas           71000.0
California          NaN
Oregon          16000.0
Name: population, dtype: float64
```

3. 嵌套字典类型的数据结构

以下数据是一个典型的字典嵌套数据结构的数据。

```
{'Beijing' :{'2001' :2.4, '2002':2.9},
  'Tianjin' : {'2001' :2.1, '2002':2.7},
  'Shanghai' : {'2001' :2.5, '2002':2.6}}
```

如果将它传给 DataFrame 对象，就会被解释为：外层字典的键作为列，内层键作为行索引处理。要求如下。

① 创建一个嵌套字典 data，并将字典存为 DataFrame 格式。

② 根据得到 DataFrame 数据表，并打印输出。

③ 显示指定索引的数据内容。

步骤 1：导入模块。

源代码

导入 pandas 模块中的 DataFrame。

```
from pandas import DataFrame
```

步骤 2：创建对象。

使用嵌套字典对象 {'Beijing':{'2001':2.4,'2002':2.9,'2003':3.1}, 'Tianjin':{'2001':2.3,'2002':2.7}} 创建 DataFrame 对象，并打印输出。

```
# 嵌套字典对象
data = {'Beijing':{ '2001':2.4, '2002':2.9, '2003':3.1},
        'Tianjin':{ '2001':2.3, '2002':2.7}}
# 创建 DataFrame 对象
frame = DataFrame(data)
print(frame)
```

步骤 3：数组转置。

转置步骤 2 中生成 frame，并输出结果。

```
# 转置
print(frame.T)
```

输出结果：

	Beijing	Tianjin	
2001	2.4	2.3	
2002	2.9	2.7	
2003	3.1	NaN	

	2001	2002	2003
Beijing	2.4	2.9	3.1
Tianjin	2.3	2.7	NaN

步骤 4：规定索引打印

通过显示索引['2000', '2001', '2002']来定义 frame，因为索引 2000 值在原数据中不存在，所以对应的值将显示为缺失值。

```
# 显式指定索引
frame = DataFrame(data,index=['2000', '2001', '2002'])
print(frame)
```

输出结果：

	Beijing	Tianjin
2000	NaN	NaN
2001	2.4	2.3
2002	2.9	2.7

项目实训

【实训目的】

编写一个数组（向量）四则计算器。

【实训内容】

制作一个基于 numpy 的矩阵计算器。

① 程序提供任意两个矩阵的加法、乘法运算；方阵的行列式计算、逆矩阵计算、特征分解；任意矩阵的转置等计算功能，可自行添加功能。

② 从控制台通过键盘获取数据并完成以上计算，不强制要求异常检测。

③ 使用 8 组以上的非典型数据（如对角矩阵，单位矩阵等）进行测试并完成计算结果记录。

要求如下。

① 有完整的输入/输出提示与代码注释。

② 至少具备题目要求所述功能。

③ 能够正确输出运算结果。

源代码

项目总结

本项目中，首先了解 numpy 多维数组的概念以及面向数组的计算；然后实现：利用 numpy 模块构建数组，查看多维数组的维数大小和数组类型，数组类型转换，在数学计算中应用 numpy 模块，生成随机数，获取一维和二维数组切片，获取条件筛选的数据，计算数组的基础统计信息，修改数据集合，数组与标量的算术运算；最后利用 numpy、pandas 工具包处理复杂的数据集合。

本项目分别使用 numpy 和 pandas 创建一维、二维及更高维数组，并采用切片、筛选等方式获取指定数据，调用相应函数获取数组的基本统计信息，对数组进行修改，以及在数组之间、数组和标量之间进行运算，还使用了随机数和数学库函数。

课后练习

一、选择题

1. 计算 numpy 中元素个数的方法是（　　　）。

    A．np.sqrt( )　　　　　　　　　　B．np.size( )

文本：参考答案

C．np.identity( )　　　　　　D．np.count( )

2．已知 c= np.arange(24).reshape(3,4,2)，则 c.sum(axis = 0)所得的结果为（　　　）。

　　A．array([[12, 16],[44, 48],[76, 80]]) (列 0，行 1)

　　B．array([[1, 5, 9, 13],[17, 21, 25, 29],[33, 37, 41, 45]])

　　C．array([[24, 27], [30, 33],[36, 39],[42, 45]])

　　D．array([[0, 1][2, 3][4, 5][6, 7]]

3．数组 n = np.arange(24).reshape(2,-1,2,2)，则 n.shape 的返回结果是（　　　）。

　　A．(2,3,2,2)　　　　　　　　B．(2,2,2,2)

　　C．(2,4,2,2)　　　　　　　　D．(2,6,2,2)

4．在 numpy 中创建全为 0 的矩阵，使用（　　　）。

　　A．zeros　　　　　　　　　　B．ones

　　C．empty　　　　　　　　　　D．arange

5．在 numpy 中向量转成矩阵，使用（　　　）。

　　A．reshape　　　　　　　　　B．reval

　　C．arange　　　　　　　　　　D．random

6．在 numpy 中矩阵转成向量，使用（　　　）。

　　A．reshape　　　　　　　　　B．resize

　　C．arange　　　　　　　　　　D．random

7．使用 pandas 前需要使用下列（　　　）语句。

　　A．import pandas as pd　　　B．import sys

　　C．import matplotlib　　　　D．import pandas

8．df.tail( )函数的作用是（　　　）。

　　A．创建数据　　　　　　　　　B．展现数据

　　C．分析数据　　　　　　　　　D．删除数据

9．df.min( )函数的作用是（　　　）。

　　A．找寻元素最小值　　　　　　B．找寻每行最小值

　　C．找寻每列最小值　　　　　　D．找寻元素最大值

10．最简单的 Series 是由（　　　）的数据构成。

　　A．1 个数组　　　　　　　　　B．2 个数组

　　C．3 个数组　　　　　　　　　D．无数个数组

二、填空题

1. 可以使用_____和_____函数分别快速创建全 0 数组或全 1 数组。

2. 创建一个 3 阶的单位矩阵 n = np.eye(3)，n.dtype 返回_____数据类型，n[1][1] 返回_____。

3. 有一个数组 a= np.arange(8).reshape(2,4)，np.hsplit(a,2)返回_____，np.hsplit(a,(1,3)) 返回_____。

4. pandas 的两种数据结构分别是_____和_____。

5. 已知 x = [[1]] * 3，那么执行语句 x[0][0] = 5 之后，变量 x 的值为_____。

6. 在 numpy 中求最大值方法为_____。

7. pandas 中的_____用来读取 CSV 文件。

8. 导入 numpy 并命名为 np，代码为_____。

9. 创建一个数组，元素值从 10～49，代码为_____。

10. 创建大小为 10、值为 0 的向量，代码为_____。

三、判断题

1. 已知 a = np.arange(12)，c = a.view( )，那么 c is a 的结果为 True，c.base is a 的结果 为 True。 （ ）

2. np.where(condition[, x, y])，基于条件 condition，返回值来自 x 或者 y。 （ ）

3. 一个数组对象的 itemsize，返回的值是由数组的大小决定的。 （ ）

4. 检测数据缺失一般使用 notnull 方法。 （ ）

5. Series 如同一个三维数组，Datafarme 如同一个表格。 （ ）

6. 在 numpy 中产生全 1 矩阵使用的方法是 empty。 （ ）

7. Series 和 DataFrame 是 pandas 包中的数据结构，Series 像二维数组，DataFrame 像 表格。 （ ）

8. 代码：

```
import pandas as pd
s2=pd.Series([25,23,42,21,23]
index=['Jack', 'Lucy', 'Helen', 'Milky', 'Jasper'])
```

执行：23 in s2

执行结果为 False。 （ ）

9. 代码：

```
df1 = pd.DataFrame([[5, 2, 3], [4, 5, 6],[7,8,9]],
index=['A','B','D'],
columns=['C1','C2','C3'])
```

其中 df1.loc[2:1]=8。   (   )

10．pandas 中 head（n）的作用是获取最后的 n 行数据。   (   )

四、简答题

1．建立一个长度为 10、除了第 5 位为 1 其他全为 0 的向量。

2．简述数组的 reshape 和 resize 的区别。

3．列举 numpy 中常用的 5 个方法。

项目4　数据采集

学习目标

本项目使用 Python 语言和 csv、numpy、pandas、json、xlrd、xlwt 等模块对数据进行采集，具体要求如下。

① 了解各种常见的数据文件。

② 掌握 Python 对不同数据文件的读写方法。

③ 掌握 Python 连接 MySQL 数据库的方法。

④ 掌握在 Python 中编写 SQL 语句操作数据库的方法。

项目介绍

本项目实现格式化文件的读写，包括使用 csv、numpy 和 pandas 模块读写 CSV 格式的文件；使用 xml、json 模块从 XML 和 JSON 格式文件中读取数据；使用 xlrd、xlwt、pandas 模块读写 Excel 文件数据。

本项目还能实现对数据库数据的获取，包括使用 pymysql 模块连接到 MySQL 数据库，并进行数据操作；编写 SQL 语句从多个表中查询给定条件的数据；使用 SQL 聚合函数对数据进行求和、求平均值、求极值、计数等统计操作；通过 SQL 语句执行插入、删除、修改等操作；编写 SQL 语句向数据库中批量写入数据。

任务 4.1　读写 CSV 文件

【任务目标】

PPT：任务 4.1
读写 CSV 文件

① 了解 CSV 文件的组成和 csv 模块的作用。

② 理解实现读写 CSV 文件的函数。

③ 掌握 numpy 对 CSV 格式数据的操作。

④ 掌握 pandas 对 CSV 格式数据的操作。

【知识准备】

1. CSV 数据

逗号分隔值（Comma-Separated Values，CSV）也称为"字符分隔值"（因为分隔字符也可以不是逗号），其文件以纯文本形式存储表格数据（数字和文本）。CSV 文件由任意数目的记录组成，记录间以某种换行符分隔。每条记录由字段组成，字段间的分隔符是其他字符或字符串，最常见的是逗号或制表符。CSV 数据文件经常用于数据统计和数据分析过程中的数据存储格式。

2. csv 模块

csv 模块是 Python 的内置模块，需要引用后方可使用语句 import csv。csv 模块提供了各种函数帮助用户快速完成对 CSV 数据的读写操作。csv 模块的常用函数 API 如下。

- reader( )：读取 CSV 数据。
- writer( )：写入 CSV 数据。
- DictReade( )：读取 CSV 数据并可转换成字典数据类型。
- DictWriter( )：读取字典数据并写入 CSV 文件。

3. CSV 文件读写操作

微课 4-1
CSV 文件读写
操作

（1）读取 CSV 文件

语法格式：

```
reader=csv.reader(csvfile)
```

函数说明：

csvfile 是被读取的 CSV 文件，获取一个可迭代的数据类型 reader。

实例代码：

使用 reader 函数读取 CSV 文件，并使用 for 循环语句遍历输出该类型对象。

```
with open('data/data2.csv', 'r', encoding='utf-8') as csvfile:
    # 使用 reader( )函数读取 csv 数据
    reader = csv.reader(csvfile)
    print('>> reader Type -> {0}'.format(reader))


    # 使用 for 循环迭代 reader 对象
    for line in reader:
        print(line)
```

（2）写入 CSV 文件

语法格式：

```
writer = csv.writer(csvfile)
```

函数说明：

csvfile 是被写入的 CSV 文件，获取一个可迭代的数据类型 writer。

注意：写入之前，要保证 csvfile 文件处于关闭状态。

实例代码：

使用 writer 函数向 CSV 文件写入数据，获取一个 CSV 文件的写入对象 writer。通过该对象的 writerow( )方法完成单行数据写入，或通过该对象的 writerows( )方法完成多行数据写入。

```
with open('data/data2.csv', 'w', encoding='utf-8', newline='') as csvfile:
    # 获取 writer 写入对象
    writer = csv.writer(csvfile)


    # 写入数据标题行（单行数据）
    writer.writerow(columns)
    print('数据标题项写入完毕.')
```

```
    # 使用 writer 对象的 writerows() 一次性写入多行数据
    writer.writerows(data)
    print('多行数据写入完毕.')
```

（3）字典样式读取 CSV 文件

语法格式：

```
reader = csv.DictReader(csvfile)
```

函数说明：

csvfile 是被读取的 CSV 文件，同时其获取后的数据可以使用 dict(obj) 直接转换成字典数据类型。

实例代码：

使用 DictReader 函数读取 CSV 数据并转化成字典。

```
with open('data/data2.csv', 'r') as csvfile:
    # 使用 DictReader() 函数读取 CSV 数据
    reader = csv.DictReader(csvfile)
    print('>> reader type -> {0}'.format(reader))
    # 返回数据
    for line in reader:
        print([dict(line)])
```

（4）字典样式写入 CSV 文件

语法格式：

```
writer = csv.DictWriter(csvfile, fieldnames=keys)
```

函数说明：

csvfile 是被写入的 CSV 文件，fieldnames=keys 表示将字典数据的 key 值部分作为字段标题写入，获取一个可迭代的数据类型 writer。

注意：写入之前，要保证 csvfile 文件处于关闭状态。

实例代码：

使用 DictWriter 函数向 CSV 文件写入数据。同时，对象 writer 提供 writeheader() 方法完成字段标题写入，提供 writerow() 方法完成数据的写入。

```
with open('data/data3.csv', 'w', newline='') as csvfile:
    # 获取所有字典数据的 key 值部分
    keys = [k for k in data[0]]
    # 使用 DictWriter() 函数读取 CSV 数据
    writer = csv.DictWriter(csvfile, fieldnames=keys)
    # 调用 writeheader() 写入数据标题
    writer.writeheader( )
    print('标题写入完毕')


    # 使用 for 循环遍历数据
    for d in data:
        # 使用 writewor() 函数写入
        writer.writerow(d)


    print('数据写入完毕')
```

4. numpy 对 CSV 格式数据的操作

使用 numpy.savetxt 和 numpy.loadtxt 可以读写一维和二维的数组或 CSV 文件。

（1）写入 CSV 文件

语法格式：

```
np.savetxt('csvfile',array,fmt='%d',delimiter=None)
```

函数说明：

csvfile 为被写入的 CSV 文件。

array 为要写入文件的数组。

fmt 为写入文件的格式，如%d、%f、%e。

delimiter 为用于分割的字符串。默认是空格。

实例代码：

```
import numpy as np


a = np.arange(20).reshape(2, 10)
```

```
b = np.savetxt('data/data4.csv',a,fmt='%d',delimiter=None)
print(a)
```

输出结果：

```
[[ 0  1  2  3  4  5  6  7  8  9]
 [10 11 12 13 14 15 16 17 18 19]]
```

打开查看 data4.csv 文件内容，如图 4-1 所示。

图 4-1　写入后的 data4.csv 文件内容

（2）读取 CSV 文件

语法格式：

```
np.loadtxt('csvfile',dtype=np.int,delimiter=None,unpack=False)
```

函数说明：

csvfile 为被读取的 CSV 文件。

dtype 为数据类型。

delimiter 为用于分割的字符串。

unpack 若为 True，则利用读入属性将分别写入不同变量。

实例代码：

```
import numpy as np

a=np.arange(20).reshape(2,10)
b=np.savetxt('data/data4.csv',a,fmt='%d',delimiter=', ')
c=np.loadtxt('data/data4.csv',delimiter=', ',unpack=False)
print(c)
```

输出结果：

```
[[ 0.  1.  2.  3.  4.  5.  6.  7.  8.  9.]
 [10. 11. 12. 13. 14. 15. 16. 17. 18. 19.]]
```

打开查看 data4.csv 文件内容，如图 4-2 所示。

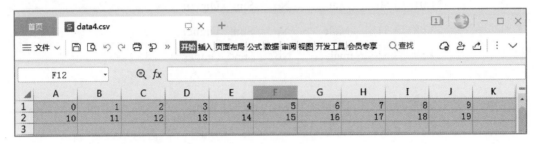

图 4-2　读取出的 data4.csv 文件内容

5. pandas 对 CSV 格式数据的操作

（1）pandas 模块读取 CSV 数据

语法格式：

```
pd.read_csv(csvfile)
```

函数说明：

csvfile 为要读取的 CSV 文件。若 CSV 文件与 Python 程序不在同一目录下，则需要写清楚路径。

实例代码：

```
import pandas as pd
import os


#设置 CSV 文件存储路径
csvPath=os.getcwd( )+'\data'
#使用 read_csv 读取数据
data=pd.read_csv(csvPath+os.sep+'tips.csv')
#输出
print(data)
```

输出结果：

	total_bill	tip	sex	smoker	day	time	size
0	16.99	1.01	Female	No	Sun	Dinner	2
1	10.34	1.66	Male	No	Sun	Dinner	3
2	21.01	3.50	Male	No	Sun	Dinner	3
3	23.68	3.31	Male	No	Sun	Dinner	2
4	24.59	3.61	Female	No	Sun	Dinner	4
..	...	...	...	...	...	...	...
239	29.03	5.92	Male	No	Sat	Dinner	3
240	27.18	2.00	Female	Yes	Sat	Dinner	2
241	22.67	2.00	Male	Yes	Sat	Dinner	2
242	17.82	1.75	Male	No	Sat	Dinner	2
243	18.78	3.00	Female	No	Thur	Dinner	2

[244 rows × 7 columns]

（2）pandas 模块写入 CSV 数据

语法格式：

```
df 对象.to_csv(csvfile)
```

函数说明：

csvfile 为要写入的 CSV 文件。若 CSV 文件与 Python 程序不在同一目录下，则需要写清楚路径。

实例代码：

```
import pandas as pd
import os


#设置 CSV 文件的存储路径
csvPath=os.getcwd( )+'\data'
#将 tips.csv 文件的内容读到 data 中
data=pd.read_csv(csvPath+os.sep+'tips.csv')
```

```
#使用 to_csv 将 data 中的内容写入到 out.csv 文件中
data.to_csv(csvPath+os.sep+'out.csv')
print('数据写入 CSV 完毕. ')
```

输出结果：

数据写入 CSV 完毕.

打开查看 out.csv 文件内容，如图 4-3 所示。

▲	A	B	C	D	E	F	G	H	I
1		total_bil	tip	sex	smoker	day	time	size	
2	0	99.99	9.9	Male	No	Sat	Dinner	9	
3	1	16.99	1.01	Female	No	Sun	Dinner	2	
4	2	10.34	1.66	Male	No	Sun	Dinner	3	
5	3	21.01	3.5	Male	No	Sun	Dinner	3	
6	4	23.68	3.31	Male	No	Sun	Dinner	2	
7	5	24.59	3.61	Female	No	Sun	Dinner	4	

图 4-3 写入后的 out.csv 文件内容

【任务实施】

微课 4-2
CSV 格式文件
操作任务实施

下面完成 Python 操作 CSV 格式文件的任务，实现使用 csv、numpy 和 pandas 模块读写 CSV 格式文件。要求如下。

① 读取 data.csv 文件，使用 with 结构改造，将标题行和 3 条测试数据写入 data2.csv 文件。

② csv 操作 dictreader/dictwriter。

③ numpy 读取 CSV 格式数据。

④ pandas 读取 CSV 格式数据。

⑤ 将"女性"数据保存为另一个 CSV 中间文件。

步骤 1：文件读取与写入。

读取 data.csv 文件，使用 with 结构改造，将标题行和 3 条测试数据写入 data2.csv 文件。

① 导入 csv 模块，使用 csv 模块中的 reader( ) 函数读取 CSV 文件数据内容，并使用 for 循环语句逐行遍历打印输出。

源代码

```
import csv

# 获取 CSV 文件引用对象
csvFile = open('CH02_Demos/data/data.csv', 'r', encoding='utf8')
# 使用 reader( ) 函数读取 CSV 数据
reader = csv.reader(csvFile)
print('>> reader Type -> {0}'.format(reader))
# 使用 for 循环迭代 reader 对象
for line in reader:
    print(line)
```

注意：CH02_Demos/data/是 CSV 文件的路径。

② 使用 with 结构改造以上代码，实现读入 CSV 文件内容并打印输出。

```
with open('CH02_Demos/data/data.csv', 'r', encoding='utf8') as csvfile:
    # 使用 reader( ) 函数读取 CSV 数据
    reader = csv.reader(csvfile)
    print('>> reader Type -> {0}'.format(reader))
    # 使用 for 循环迭代 reader 对象
    for line in reader:
        print(line)
```

注意：CH02_Demos/data/是 CSV 文件的路径。

③ 创建包括'姓名'、'年龄'、'电话'的一个数组 data；此外新建数组 data，内部数据为 [('测试人员 1', 18, '1388888888'),('测试人员 2', 22, '1366666666'),('测试人员 3', 20, '1399999999')]；使用 open( )函数打开文件，并将以上数据写入 CSV 文件。

```
# 使用 write() 函数写入数据
colums = ['姓名', '年龄', '电话']
# 写入数据
data = [('测试人员 1', 18, '1388888888'),
        ('测试人员 2', 22, '1366666666'),
        ('测试人员 3', 20, '1399999999')]
```

```
# 使用 with 语句打开文件关联
with open('CH02_Demos/data/data2.csv', 'w', encoding='gb18030', newline='') as csvfile:
    # 获取 writer 写入对象
    writer = csv.writer(csvfile)

    # 写入数据标题行（单行数据）
    writer.writerow(colums)
    print('数据标题项写入完毕. ')

    # 使用 writer 对象的 writerows() 一次性写入多行数据
    writer.writerows(data)
    print('多行数据写入完毕. ')
```

注意： CH02_Demos/data/是 CSV 文件的路径。

步骤 2：字典读取与写入。

csv 模块操作 dictreader/dictwriter 实现文件数据读取和文件数据写入。

① 导入 csv 模块，并定义 getCsvData( )函数，函数内实现读取文件数据，并将数据转换成字典类型并打印输出，同时返回字典内数据。

```
import csv

def getCsvData( ):
# 读取 CSV 数据并转成字典数据类型
    with open('CH02_Demos/data/data2.csv', 'r') as csvfile:
        # 使用 DictReader() 函数读取 CSV 数据
        reader = csv.DictReader(csvfile)
        print('>> reader type -> {0}'.format(reader))
        # 返回数据
        return [dict(line) for line in reader]
```

注意： CH02_Demos/data/是 CSV 文件的路径。

② 调用函数并打印输出，代码如下。

```
print(getCsvData( ))
```

③ 数组内数据格式如下。

data = [{'字段 1':-1, '字段 2':-2},{'字段 1':1, '字段 2':2}]

④ 读取 CSV 数据并转成字典数据类型，代码如下。

```python
with open('CH02_Demos/data/data3.csv', 'w', newline='') as csvfile:
    # 获取所有字典数据的 key 值部分
    keys = [k for k in data[0]]
    # 使用 DictWriter() 函数读取 CSV 数据
    writer = csv.DictWriter(csvfile, fieldnames=keys)
    # 调用 writeheader() 函数写入数据标题
    writer.writeheader()
    print('标题写入完毕')
    # 使用 for 循环遍历数据
    for d in data:
        # 使用 writewor() 函数写入
        writer.writerow(d)
        print('数据写入完毕')
```

步骤 3：numpy 操作 CSV 文件。

使用 numpy 读取 CSV 格式数据。有的 CSV 文件中除了保存数值之外，还保存一些说明文字，如第 1 行和第 1 列通常为列名和行名。如果需要忽略 CSV 文件的第 1 行和第 1 列，可以先将文件读为字符串数组，然后取出需要的部分再转换为数值数组。

其过程包括数据预处理，读取 CSV 原始数据，并切分数据部分，数据整理，保存为另一个 CSV 数据，如图 4-4 所示。

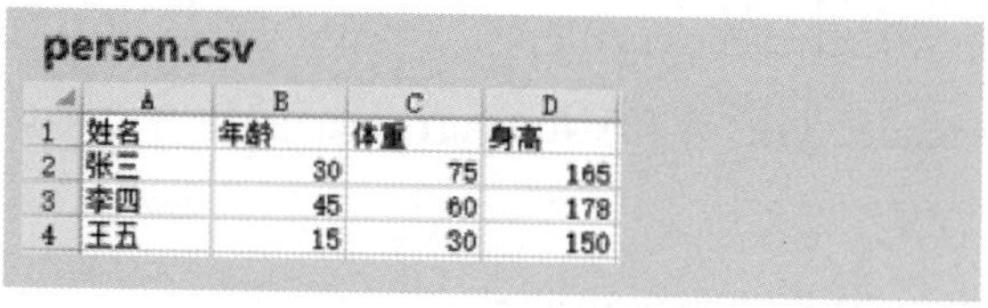

person.csv			
姓名	年龄	体重	身高
张三	30	75	165
李四	45	60	178
王五	15	30	150

图 4-4　CSV 文件 person 的数据

① 导入 numpy 模块，并读取原始 CSV 数据文件，代码如下。

```python
import numpy as np
```

```
tmp=np.loadtxt('person.csv',dtype=np.str,delimiter=', ')
```

② 使用切片技术截取出数据部分切片，截取第 1 行和第 1 列之后的数据，代码如下。

```
data=tmp[1:,1:].astype(np.float)
```

③ 输出切片数据，使用 numpy 中 savetxt( )函数将其保存到另一个 CSV 文件中，代码如下。

```
data=np.array([[30.,75.,165.],
        [45.,60.,178.],
        [15.,30.,150,]])
np.savetxt('person_data.csv',data,fmt='%d',delimiter=', ')
```

④ 使用 numpy 中的 loadtxt( )函数读取 person_data.csv 数据文件，并输出，查询 person_data 的属性，代码如下。

```
person_data=np.loadtxt('person_data.csv',delimiter=', ')
person_data
```

输出结果：

```
array([[30.,75.,165.],
        [45.,60.,178.],
        [15.,30.,150.]])
# 输出类型
person_data.dtype
```

输出结果：

```
dtype('float64')
```

步骤 4：pandas 操作 CSV 文件。

使用 pandas 实现读取 CSV 格式数据。

① 导入 pandas、os 模块，代码如下。

```
import pandas as pd
import os
```

② 确定 CSV 文件的地址,并将文件存储路径保存在变量 csvPath 中,这里的 os.getcwd( )

方法用于返回当前工作目录，后面拼接数据文件的存储目录，代码如下。

```
csvPath = os.getcwd( ) + '\CH07_Demos\data' + os.sep + 'tips.csv'
```

注意：\CH07_Demos\data 是 CSV 文件的路径。

③ 获取指定地址的 CSV 文件并转换成 DataFrame 对象，并以 df 变量名进行命名，代码如下。

```
df = pd.read_csv(csvPath)
```

④ 打印输出 df 数据前几行（测试），代码如下。

```
print(df.head( ))
print(df.info( ))
```

步骤 5：数据存储文件。

如果想将"女性"数据保存为另一个 CSV 中间文件。

① 实现数据抽取(数据筛选)，设置变量 cond 为 df['sex']且需要判断 cond 是否等于'Female'，满足筛选条件的数据赋予变量 femaleDF 存储，并打印提示"数据抽取完毕."，代码如下。

```
# 设置数据筛选条件
cond = df['sex'] == 'Female'

# 根据条件抽取数据
femaleDF = df[cond]
print('数据抽取完毕.')
```

② 将获取的数据保存在 tips_female.csv，文件操作类似上一步骤中的文件路径拼接，首先声明文件存储路径变量 savePath，然后将筛选后的数据调用.to_csv( )方法，将数据存储到目标路径的文件中，代码如下。

```
# 设置 CSV 文件的保存路径
savePath = os.getcwd( ) + '\CH07_Demos\data' + os.sep + 'tips_female.csv'

# 保存 CSV 文件数据
femaleDF.to_csv(savePath)
print('csv 文件保存完毕.')
```

注意：\CH07_Demos\data 是 CSV 文件的路径。

任务 4.2　读取 XML 文件

【任务目标】

PPT: 任务 4.2
读取 XML 文件

① 了解 XML 及文件类型。

② 掌握解析读取 XML 文件的方法。

【知识准备】

1. XML 文件类型

XML 指可扩展标记语言（Extensible Markup Language），是一种用于标记电子文件使其具有结构性的标记语言。XML 文档形成了一种树状结构，从"根"部开始扩展到"枝叶"，其样式如图 4-5 所示。

```
<bookstore>
    <book category="COOKING">
        <title lang="en">Everyday Italian</title>
        <author>Giada De Laurentiis</author>
        <year>2005</year>
        <price>30.00</price>
    </book>
    <book category="CHILDREN">
        <title lang="en">Harry Potter</title>
        <author>J K. Rowling</author>
        <year>2005</year>
        <price>29.99</price>
    </book>
    <book category="WEB">
        <title lang="en">Learning XML</title>
        <author>Erik T. Ray</author>
        <year>2003</year>
        <price>39.95</price>
    </book>
</bookstore>
```

图 4-5　XML 文档结构

对应的树结构如图 4-6 所示。

根元素是<bookstore>，文档中所有的元素都在<bookstore>中。

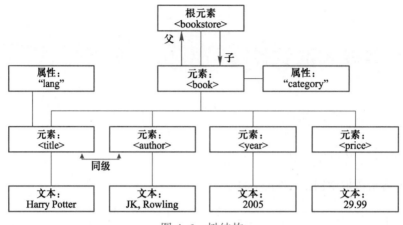

图 4-6 树结构

2. 解析读取 XML

xml.etree.ElementTree 模块实现了一个简单高效的 API，用于解析和创建 XML 数据。xml.etree.ElementTree 有两个类：ElementTree 将整个 XML 文档表示成一棵树，Element 表示该树中的单个结点。与整个文档的交互（读写文件）通常在 ElementTree 级别完成，与单个 XML 元素及其子元素的交互是在 Element 级别完成。

【任务实施】

country_data.xml 是本任务的示例数据，读取并解析 XML 文件 country_data.xml 的文档内容，要求如下。

① 导入 xml.etree.ElementTree.parse 模块。

② 获取 XML 数据文件中的根结点、结点的标签、结点的属性、元素的文本内容、元素的属性。

③ 使用 for 循环迭代结点，打印输出子结点的名称和属性。

④ 使用 root.iter( )函数打印子结点内部<neighbor>标签的属性。

⑤ 找到所有子结点，打印子结点的名称和排名。

微课 4-3
读取并解析
XML 文件内容

源代码

```
<?xml version="1.0"?>
<data>
    <country name="Liechtenstein">
        <rank>1</rank>
        <year>2008</year>
        <gdppc>141100</gdppc>
```

```
            <neighbor name="Austria" direction="E"/>
            <neighbor name="Switzerland" direction="W"/>
        </country>
        <country name="Singapore">
            <rank>4</rank>
            <year>2011</year>
            <gdppc>59900</gdppc>
            <neighbor name="Malaysia" direction="N"/>
        </country>
        <country name="Panama">
            <rank>68</rank>
            <year>2011</year>
            <gdppc>13600</gdppc>
            <neighbor name="Costa Rica" direction="W"/>
            <neighbor name="Colombia" direction="E"/>
        </country>
</data>
```

步骤 1：解析 XML 文件

导入 xml 模块，使用模块中的 xml.etree.ElementTree.parse( )方法对 XML 示例文件进行数据解析，代码如下。

```
# 导入模块库
import xml.etree.ElementTree as ET

# 根据文件路径解析 ET.parse
tree = ET.parse('data/country_data.xml')
```

步骤 2：寻找根结点。

通过 tree.getroot( )方法找到根结点，打印输出根结点标签和属性，代码如下。

```
# 获取到根结点：tree.getroot
# 获取根结点的标签：Element.tag
# 获取根结点的属性：Element.attrib
```

```
    # 访问元素的文本内容：Element.text
    # 访问元素的属性：Element.get

    # 找到根结点
    root = tree.getroot( )
    print(root.tag)                # 标签是 data
    print(root.attrib)             # 属性为空
    '''
```

输出结果：

```
data
{}
'''
```

步骤 3：遍历子结点。

使用 for 循环语句迭代子结点，并打印输出子结点的标签和属性，代码如下。

```
for child in root:
    print(child.tag,child.attrib)     # root 结点下是 3 个 country 标签

'''
```

输出结果：

```
country {'name': 'Liechtenstein'}
country {'name': 'Singapore'}
country {'name': 'Panama'}
'''
```

步骤 4：打印子结点属性。

使用 for 循环语句打印结点内部的<neighbor>标签，这里需要使用 iter( )函数创建迭代对象，代码如下。

```
for neighbor in root.iter('neighbor'):
    print(neighbor.attrib)

'''
```

输出结果：

```
{'name': 'Austria', 'direction': 'E'}
{'name': 'Switzerland', 'direction': 'W'}
{'name': 'Malaysia', 'direction': 'N'}
{'name': 'Costa Rica', 'direction': 'W'}
{'name': 'Colombia', 'direction': 'E'}
'''
```

步骤 5：打印子结点名称、排名等元素属性。

使用 for 循环语句遍历所有子结点，此处子结点使用 findall( )函数；获取子结点内部元素 rank 中的 text 属性文本，使用 get( )方法访问元素的 name 属性，并打印输出，代码如下。

```
for country in root.findall('country'):
    rank = country.find('rank').text
    name = country.get('name')
    print(name, rank)


'''
```

输出结果：

```
Liechtenstein 1
Singapore 4
Panama 68
'''
```

任务 4.3　读取 JSON 文件

【任务目标】

PPT：任务 4.3
读取 JSON
文件

① 了解 JSON 数据和数据格式。

② 了解 Python 中的 json 模块。

③ 掌握 json 模块中的 API 函数应用。

④ 掌握 pandas 对 JSON 格式数据的操作。

微课 4-4
JSON 数据

【知识准备】

1. JSON 数据

JSON（JavaScript Object Notation）是一种轻量级的数据交换格式，广泛应用于数据存储。它使人们很容易地进行阅读和编写，同时也方便了机器进行解析和生成。

JSON 建构于以下两种结构。

- "名称/值"对的集合（a collection of name/value pairs）。不同语言中，它被理解为对象（object）、纪录（record）、结构（struct）、字典（dictionary）、哈希表（hash table）、有键列表（keyed list）或者关联数组（associative array）。
- 值的有序列表（an ordered list of values）。在大部分程序设计语言中，它被理解为数组（array）。

2. JSON 数据格式

（1）对象

对象是一个无序的"'名称/值'对"集合。一个对象以"{"（左括号）开始，"}"（右括号）结束。每个"名称"后跟一个"："（冒号）；"'名称/值' 对"之间使用"，"（逗号）分隔，如图 4-7 所示。

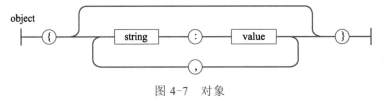

图 4-7　对象

例如：

员工对象：Employee 中，员工编号为 1001，员工姓名为 Jack。

JSON 描述格式：{'empno': '1001', 'ename': 'Jack'}

（2）数组

数组是值（value）的有序集合。一个数组以"["（左中括号）开始，"]"（右中括号）结束。值之间使用"，"（逗号）分隔，如图 4-8 所示。

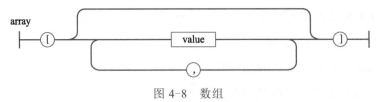

图 4-8　数组

例如：

员工序列对象中包含多个 Employee 对象。

JSON 描述格式：[{'empno': '1001', 'ename': 'Jack'},

　　　　　　　　{'empno': '1002', 'ename': 'Nacy'},

　　　　　　　　{'empno': '1003', 'ename': 'Ford'}]

3. Python 中的 json 模块

Python 语言使用内置的 json 模块完成对 JSON 文件的解析操作，需要使用 import json 语句预先导入。它包含以下两个常用函数。

① 使用 json.dumps( )完成数据对象的 JSON 格式序列化操作，返回一个 json 字符串对象，见表 4-1。

表 4-1　Python 序列化编码转换为 JSON 类型对应表

Python	JSON
dict	object
lis，tuple	array
str	string
int，float	number
true	true
false	false
none	null

② 使用 json.loads( )完成对 JSON 数据的反序列化，返回一个原始对象，见表 4-2。

表 4-2　JSON 反序列化编码转换成 Python 类型对应表

JSON	Python
object	dict
array	list
string	str
number (int)	int
number (real)	float
true	true
false	false
null	none

4. json 模块中的 API 函数应用

（1）使用 dumps( )函数完成字典对象的序列化存储操作

语法格式：

```
json.dumps(obj)
```

函数说明：

将 obj 对象进行序列化编码为 JSON 格式。

实例代码：

```
# 导入 json 模块
import json


# 定义一个字典类型对象
data = {'pid': 'p001', 'pname':'测试商品名称', 'price':299}
# 使用 json.dumps( )函数完成对象->json 的序列化转换
strJson = json.dumps(data, ensure_ascii=False)


# 测试输出
print('data 原始数据: {0}'.format(data))
print('json 转换数据: {0}'.format(strJson))
```

注意：ensure_ascii=False，防止中文数据乱码。

（2）使用 loads( )函数完成 json 字符串的对象类型转换

语法格式：

```
json.loads( json_str )
```

函数说明：

将 json 字符串编码转换成原始对象。

实例代码：

```
# 使用 json.loads( )函数完成 json->对象的转换
obj = json.loads(strJson)
print('obj -> {0}'.format(type(obj)))
```

```
print('pid: {0}'.format(data['pid']))
print('pname: {0}'.format(data['pname']))
print('price: {0}'.format(data['price']))
```

（3）将序列编码后的 json 字符串写入文件

语法格式：

```
json.dump(obj,file)
```

函数说明：

使用 dump 函数将序列编码后的 json 字符串写入文件 file。

实例代码：

```
# 定义一个字典类型对象
data = [{'pid': 'p001', 'pname': '测试商品名称', 'price':299},
        {'pid': 'p001', 'pname': '测试商品名称 2', 'price':499}]


# 写入 JSON 文件
with open(filePath + os.sep + 'data.json', 'w', encoding='utf8') as fp:
    # dump() 函数写入 json 数据
    json.dump(data, fp)
    print('json 文件数据写入完毕.')
    pass
```

（4）从文件读取字符串反序列化编码成对象

语法格式：

```
json.load(file)
```

函数说明：

使用 load 函数从文件 file 中读取字符串反序列化编码成对象。

实例代码：

```
# 读取 JSON 文件
with open(filePath + os.sep + 'data.json', 'r', encoding='utf8') as fp:
    # dump() 函数写入 json 数据
```

```
        data = json.load(fp)
        # 输出
        print('dataType-> {0}'.format(type(data)))
        for product in data:
            print(product['pid'])
        pass
```

5. pandas 对 JSON 格式数据的操作

只需要将 JSON 格式数据直接用于 DataFrame 构造方法即可。

实例代码：

```
# 导入模块
import pandas as pd
from pandas import DataFrame
import json
import os


# 设置 JSON 文件的地址
jsonPath=os.getcwd( )+'\CH07_Demos\data'+os.sep+'products.json'


# 读取 JSON 文件数据
with open(jsonPath, 'r', encoding='UTF-8') as fp:
    # 使用 load 函数读取 JSON 文件数据
    data = json.load(fp)
# 测试 json 数据
print(data)


将 json 数据转换成 DataFrame 类型的数据
df = DataFrame(data)
# 测试输出
print(df)
```

输出结果如图 4-9 所示。

	_Product__pid	_Product__pname	_Product__price
0	20180425133833	测试商品1	100.0
1	20180425133844	测试商品2	200.0
2	20180425133900	测试商品3	300.0
3	20180425134051	测试商品4	400.0
4	20180425134100	测试商品5	500.0
5	20180425134107	测试商品6	600.0

图 4-9　DataFrame 类型的输出结果

【任务实施】

实现使用 json.loads( )函数完成 json 到对象的转换；json 模块中 dump( )和 load( )两个函数的应用；使用 jsonpath 方法抽取信息，要求如下。

① 使用 Python 的 json 模块实现对字典转化为 json 序列化和 json 到数据对象的转换。

② 使用 dump( )和 load( )函数实现 json 数据的写入和读取。

③ 使用 jsonpath 模块按要求抽取信息。

步骤 1：json 数据转换、读取。

使用 json 模块中的 dumps( )和 loads( )函数实现 json 的数据转化和读取。

① Python 对象序列化 JSON 数据格式，首先导入 json 模块，定义一个字典类型的对象 data，代码如下。

微课 4-5
使用 Python 的
json 模块

源代码

```
import json
data = {'pid': 'p001', 'pname': '测试商品名称', 'price':299}
```

② 使用 json.dumps( )函数实现数组 data 到 json 的序列化转换，完成转换后赋值给对象 strJson；因为 json.dumps 序列化时对中文默认使用的是 ASCII 编码，如果要输出真正的中文，需要指定 ensure_ascii=False，代码如下。

```
strJson = json.dumps(data, ensure_ascii=False)
```

③ 打印原始数据和转换后的 json 序列化数据，代码如下。

```
print('data 原始数据: {0}'.format(data))
print('json 转换数据: {0}'.format(strJson))
```

④ 使用 json.loads( )函数实现 JSON 格式数据的读取，然后检查所读取数据的对象数据类型是否为字典类型；通过字典索引打印字典中的数据内容，代码如下。

```
obj = json.loads(strJson)
```

```
print('obj -> {0}'.format(type(obj)))
print('pid: {0}'.format(data['pid']))
print('pname: {0}'.format(data['pname']))
print('price: {0}'.format(data['price']))
```

步骤 2：json 模块的 dump( )和 load( )函数。

使用 json 模块中的 dump( )和 load( )函数实现数组数据转化成 JSON 数据格式并写入文件和 JSON 文件数据内容读取。

① 导入 json、os 模块，代码如下。

```
import json
import os
```

② 设置文件路径并存储变量到 filePath 中，os.getcwd( )函数获取当前工作路径的目录，后拼接项目工作数据存储目录。代码如下。

```
filePath = os.path.join(os.getcwd( ), 'CH02_Demos\\data')
```

③ 定义一个字典类型对象 data，并在 data 中定义字典类型变量数据 [{'pid': 'p001', 'pname': '测试商品名称', 'price':299},{'pid': 'p001', 'pname': '测试商品名称 2', 'price':499}]，代码如下。

```
data = [{'pid':'p001', 'pname':'测试商品名称', 'price':299},
        {'pid':'p001', 'pname':'测试商品名称 2', 'price':499}]
```

④ 使用 open( )函数以写入模式打开并写入 data.json 文件，文件路径为 filePath，代码如下。

```
with open(filePath + os.sep + 'data.json' , 'w', encoding='utf8') as fp:
```

⑤ 使用 dump( )函数将字典类型变量 data 中的数据写入 data.json 文件中，并打印提示 JSON 文件数据已写入，代码如下。

```
json.dump(data, fp)
print('json 文件数据写入完毕.')
pass
```

⑥ 使用 load( )函数读取刚写入数据的 data.json 文件数据，并转换为字典类型，然后查看数据变量类型；使用 for 循环打印字典类型变量中'pid'索引下的数据值。代码如下。

```
with open(filePath + os.sep + 'data.json' , 'r', encoding='utf8') as fp:
    # dump() 函数写入 json 数据
    data = json.load(fp)
    # 输出
    print('dataType-> {0}'.format(type(data)))
    for product in data:
        print(product['pid'])
    pass
```

步骤 3：使用 jsonpath 方法抽取信息。

① 导入 request、json、datetime、xlsxwriter、jsonpath 等模块，其中 datetime 模块实现获取系统时间，xlsxwriter 模块实现 Excel 文件写入，jsonpath 模块实现 JSON 文件数据的抽取。使用 xlsxwriter 模块实现新建 Excel 文件，新建表单并在其中新建 3 列，字段名称分别为 time、nickname、content。

```
import requests
import json
import datetime
import xlsxwriter
import jsonpath

workbook = xlsxwriter.Workbook('wangyiyunMusic_comment.xlsx')
worksheet = workbook.add_worksheet( )

# 写入表头
worksheet.write_row('A1',['time','nickname','content'])
```

② 使用 response 模块请求 URL 网址，返回后的数据使用 response.get( )函数接收，并提取数据内容的 text 数据，存储为 response，使用 json.loads( )函数实现数据格式转化为字典类型。

```
url='http://music.163.com/api/v1/resource/comments/R_SO_4_483671500?limit=100&offset=0'
response = requests.get(url).text
json_load = json.loads(response)
```

③ 定义 stamptrans( )函数，返回将时间格式定义为"年-月-日"；使用 jsonpath 模块中的 jsonpath( )函数提取并转换为字典格式，通过索引提取评论 content、用户昵称 user.nickname 和评论时间 time，此时调用自定义时间戳函数转换成目标格式，最后将提取的数据写入文件中。

```
# 定义时间戳转换函数
def stamptrans(stamp):
    return datetime.datetime.fromtimestamp(stamp/1000).strftime('%Y-%m-%d ')

# comments 列表中所有 content 的 value
content2= jsonpath.jsonpath(json_load,'$.comments[*].content')
nickname2= jsonpath.jsonpath(json_load,'$.comments[*].user.nickname')
timelist2=list(map(stamptrans,jsonpath.jsonpath(json_load,'$.comments[*].time')))

worksheet.write_column('A2',timelist2)
worksheet.write_column('B2',nickname2)
worksheet.write_column('C2',content2)
workbook.close( )
```

任务 4.4　读写 Excel 文件

【任务目标】

PPT：任务 4.4
读写 Excel
文件

① 了解操作 Excel 的常用模块。

② 掌握使用 xlrd 读取数据的方法。

③ 掌握使用 xlwt 写入数据的方法。

④ 掌握使用 pandas 库对 Excel 进行操作的方法。

【知识准备】

1. 操作 Excel 的模块

微课 4-6
读写 Excel
文件

Python 要完成对 Excel 文件的操作，需要使用 pip 下载外部模块（包）。

Python 语言本身标准模块中不包括对 Excel 操作的工具模块。

- xlrd：读取 Excel 文件模块。
- xlwt：写入 Excel 文件模块。

Excel 文件操作的两个重要对象是 workbook（工作簿） 和 sheet （单页）。

2. 使用 xlrd 库读取数据

xlrd 是一个用于从 Excel 文件读取数据和格式化信息的库。

安装：pip install xlrd。

- xlrd.open_book(filename)：打开指定路径的 Excel 文件。
- workbook.nsheets：获取工作表包含 sheet 表格数量。
- workbook.sheet_names：获取 sheet 表格名称列表。
- sheet.name：表格名称。
- sheet.nrows：表格最大行数。
- sheet.ncols：表格最大列数。
- sheet.cell_value(rowx,colx)：指定行列数，获取单元格数值。
- sheet.row(rowx)：返回指定行中对象序列。

3. 使用 xlwt 库写入数据

xlwt 是用于在任何平台上使用 Python 2.6、2.6、3.3+创建与 Excel 文件兼容的电子表格文件的库。

安装：pip install xlwt。

- xlwt.Workboook( )：创建工作簿（实例化 Workbook 对象）。
- workbook.add_sheet(sheetname)：在工作簿中创建工作表。
- sheet.write(r,c,label)：在工作表中指定位置写入值。
- workbook.save(filename_or_stream)：将工作簿保存为本地 Excel 格式的文件。

4. 使用 pandas 库对 Excel 进行操作

pandas 读取和写入 Excel，依赖处理 Excel 的 xlrd 模块，需要提前使用 pip install xlrd 命令安装 xlrd 模块库。

```
pandas.read_excel(*args, **kwargs)
```

（1）将 Excel 文件读取到 pandas DataFrame 中

- io：str, bytes, ExcelFile, xlrd.Book, 路径对象或类似文件的对象。

- sheet_name：工作表名称，默认为 0，第一张工作表为 DataFrame。
- index_col：作为 DataFrame 的行标签的列。

> DataFrame.to_excel(excel_writer, sheet_name='Sheet1', na_rep='', float_format=None, columns= None, header=True, index=True, index_label=None, startrow=0, startcol=0, engine= None, merge_ cells=True, encoding=None, inf_rep='inf', verbose=True, freeze_panes=None)

（2）将对象写入 Excel 工作表
- excel_writer：文件路径或现有的 ExcelWriter。
- sheet_name：包含 DataFrame 的工作表名称，默认'Sheet1'。
- index：是否写入索引。

微课 4-7
操作 Excel
文档

【任务实施】

使用 Python 或 pandas 操作 Excel 文档，实现数据的读取、输出和写入等功能，要求如下。

① 使用 xlrd 模块操作 Excel 文档，实现数据的读取和输出。

② 使用 xlwt 模块操作 Excel 文档，实现数据内容的写入。

③ 使用 pandas 模块操作 Excel 文档，实现数据读入、数据修改与文件保存。

步骤 1：Excel 读取与输出。

① 导入 xlrd 模块，使用 xlrd 操作 Excel。

源代码

```
import xlrd
```

使用 xlrd 模块打开一个 data 目录下的 Excel 文件 stu_info.xlsx，首先打印文档的属性信息，如文档中 sheet 的数量、sheet 的名称、sheet 中数据行和列的数量、B4 单元格中的数据；完成以上功能后使用 for 循环语句打印工作表，逐行打印每行数据的同时也会输出数据类型。

```
book = xlrd.open_workbook("data/stu_info.xlsx")
# 工作簿包含 sheet 表个数
print("The number of worksheets is {0}".format(book.nsheets))
# 输出工作簿 sheet 表的名称列表
print("Worksheet name(s): {0}".format(book.sheet_names( )))
# 获取第一个 sheet 工作表
sh = book.sheet_by_index(0)
# sheet 工作表名称、最大行列
```

```
print("{0} {1} {2}".format(sh.name, sh.nrows, sh.ncols))
# 指定行列输出单元格的值
print("Cell B4 is {0}".format(sh.cell_value(rowx=3, colx=1)))

# 输出每一行
for rx in range(sh.nrows):
    print(sh.row(rx))
```

② 使用 for 循环语句嵌套，实现逐行、逐列遍历所有单元格内数据并打印输出，rx、cx 分别为单元格行和列的序号。

```
for rx in range(sh.nrows):
    for cx in range(sh.ncols):
        print(sh.cell_value(rx,cx),end=' ')
    print( )
'''
```

输出结果:

```
The number of worksheets is 2
Worksheet name(s): ['分数', '出勤']
分数 5 4
Cell B4 is N100129
[text:'class', text:'ID', text:'name', text:'score']
[text:'108', text:'N100127', text:'zhangyi', number:100.0]
[number:108.0, text:'N100128', text:'sunqi', number:80.0]
[number:109.0, text:'N100129', text:'liyan', number:83.0]
[number:110.0, text:'N100130', text:'zhouzhou', number:50.0]
class ID name score
108 N100127 zhangyi 100.0
108.0 N100128 sunqi 80.0
109.0 N100129 liyan 83.0
110.0 N100130 zhouzhou 50.0
'''
```

步骤 2：Excel 写入。

① 使用 xlwt 写入数据，首先导入 xlwt 模块库。

```
import xlwt
```

② 使用 xlwt 模块中的 Workbook( )方法进行实例化，命名对象为 wb；使用 wb 调用 add_sheet( )方法并新建一个工作表对象 ws，并命名为"A Test Sheet"。

```
wb = xlwt.Workbook( )
# 创建新 sheet
ws = wb.add_sheet('A Test Sheet')
```

③ 在新建的表对象 ws 中调用 write( )方法，第 0 行第 0 列（起始值为 0）写入数据 1234.56，第 1 行第 0 列（起始值为 0）写入 4，第 2 行第 0 列、第 2 行第 1 列分别写入 1。

```
ws.write(0, 0, 1234.56)
ws.write(1, 0, 4)
ws.write(2, 0, 1)
ws.write(2, 1, 1)
```

④ 使用 save( )方法实现写入数据，并保存到文档 example.xls 中。

```
wb.save('data/example.xls')
```

⑤ 导入并使用 xlrd 模块打开刚才保存的 example.xls 文档，令 book 为打开文档对象，使用 sheet_by_index(0)方法调用第 1 个 sheet 并赋值给对象 sh。

使用 for 循环语句，rx 和 cx 分别为行和列的序号，打印每个单元格内数据，查看并比较是否与文档中数据一致。

```
# 使用 xlrd 模块读出 data/example.xls 中数据，验证是否存储成功
# 导入 xlrd
import xlrd
book = xlrd.open_workbook("data/example.xls")    # 打开工作簿
sh = book.sheet_by_index(0)         # 获取第 1 个 sheet

# 遍历所有值
for rx in range(sh.nrows):
    for cx in range(sh.ncols):
```

```
        print(sh.cell_value(rx,cx),end=' ')
    print( )
'''
```

输出结果:

```
1234.56
4.0
1.0 1.0
'''
```

步骤 3: 使用 pandas 库操作 Excel 文档。

① 导入并使用 pandas 模块,并操作 Excel 文档。

```
import pandas as pd
```

② 使用 read_excel( )函数调用 stu2.xlsx 文档,读取文件内容并赋值给变量 df,查看 df 数值内容。

```
df = pd.read_excel('data/stu2.xlsx')
df

'''
```

输出结果:

```
    class ID        name tel
0   108  N100127   zhangyi    135xxxxxxxx
1   108  N100128   sunqi      139xxxxxxxx
2   109  N100129   liyan      139xxxxxxxx
3   110  N100130   zhouzhou   135xxxxxxxx
'''
```

③ 使用 shape[0]方法调用 df 变量 DataFrame 数据类型中行的数量,并在行数上新增一行数据,完成后调用 df 查看数据是否完成插入。

```
df.loc[df.shape[0]] {'class':'109','ID':'N100132','name':'zhaobei','tel':'138xxxxxxxx'}
df
'''
```

输出结果：

```
class       ID    name      tel
0     108  N100127    zhangyi    135xxxxxxxx
1     108  N100128    sunqi      139xxxxxxxx
2     109  N100129    liyan      139xxxxxxxx
3     110  N100130    zhouzhou   135xxxxxxxx
4     109  N100132    zhaobei    138xxxxxxxx
'''
```

步骤 4：数据保存到 Excel 文件中。

使用 to_excel 方法将 df 变量中的数据保存到目标文档中。

```
df.to_excel('data/stu3.xlsx')
```

任务 4.5　读写 numpy 二进制文件

【任务目标】

PPT：任务 4.5
读写 numpy
二进制文件

① 了解二进制文件。

② 掌握 numpy 模块的 save( )和 load( )函数的使用方法。

【知识准备】

1. 文本文件和二进制文件

二进制文件是把内存中的数据按其在内存中的存储形式原样输出到磁盘上存放，即存放的是数据的原形式。

文本文件是把数据的终端形式的二进制数据输出到磁盘上存放，即存放的是数据的终端形式。

2. 将数组以二进制格式保存到磁盘

np.save( )和 np.load( )函数是读写磁盘中数组数据的两个主要函数。默认情况下，数组是以未压缩的原始二进制格式保存在扩展名为 npy 的文件中。

【任务实施】

完成 Python 读取二进制文件案例,要求如下。

① 使用 numpy 创建一个随机正态数组。

② 将生成的数组数据 arr 存储到本地 my_array 文件中,并提示"Save data is successfully!"。

微课 4-8
读取二进制
文件

③ 使用 numpy.load( )方法读取 my_array 文件中的数据,并打印输出。

步骤 1:创建数组。

创建一个正态分布的一维数组 arr。

源代码

```
arr = np.random.randn(10)
```

步骤 2:保存数据到文件。

将数组数据写入 my_array 文件中,并打印输出"Save data is successfully! "。

```
np.save('my_array', arr)
print 'Save data is successfully!'
```

步骤 3:从文件中加载数据。

使用 load( )函数读取二进制文件 my_array.npy,并打印输出文件内容。

```
print np.load('my_array.npy')
```

输出结果:

```
# 写入二进制文件数据 #
Save data is successfully!
# 读取二进制文件数据并显示 #
[ 0.54386174  2.10373015 -0.82358089 -0.23305239 -1.66778959   0.14645909
 -1.97144932   0.41145022 -0.27032715 -0.86680305]
```

任务 4.6 安装和使用 pymysql 模块库

【任务目标】

PPT:任务 4.6
安装和使用
pymysql 模块库

① 了解 pymysql 库。

② 掌握 pymysql 的下载和安装方法。

③ 理解数据库操作标准流程。

④ 掌握数据库的连接操作。

【知识准备】

1. pymysql 库

pymysql 是在 Python 3.x 版本中用于连接 MySQL 服务器的一个库（Python 2 中使用 mysqldb），如图 4-10 所示。pymysql 遵循 Python 数据库 API v2.0 规范，并包含了 pure-Python MySQL 客户端库。pymysql 模块属于第三方模块库，需要下载并使用 pip 命令进行安装配置，使用时需要使用 import pymysql 命令导入。

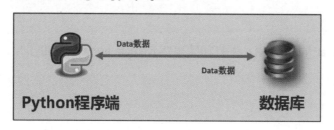

微课 4-9
pymysql 模块

图 4-10 pymysql 功能

2. pymysql 的下载安装

首先从网络上下载 pymysql，然后使用 pip 指令快速安装 pymysql 模块库，指令如下。

```
pip install-U pymysql
```

其过程如图 4-11 所示。

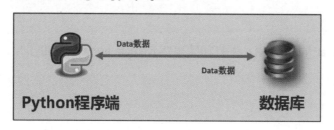

图 4-11 安装 pymysql

3. 数据库操作标准流程

数据库的操作是一个非常标准的流程，有着严格的规范和要求。具体如下。

① 获取一个有效的数据库连接对象（打开程序端与数据库服务器的连接）。

② 获取数据操作游标对象（该对象起到一个"搬运工"的作用）。

③ 使用游标对象将程序端自定义的 SQL 语句发送到服务器端执行，并将结果返回给

客户端程序进行后续处理。

④ 关闭数据库连接对象。

说明：后续案例都基于 HouseRentals 数据库中的 lessor 表和 rentinghouse 表。

4. 数据库连接操作

数据库的连接操作是操作数据库的第一个关键步骤。通过连接操作的实现，让程序端获取一个连接引用对象，后续操作步骤都要依赖于该连接引用对象。

该操作涉及的函数及格式如下。

pymysql.connect(数据库服务器 IP 地址,账号,密码,数据库名称):Connection

参数说明：

- 数据库服务器 IP 地址：安装 MySQL 的计算机 IP 地址，也可以使用本机默认的 IP 地址（localhost 或 127.0.0.1）。
- 账号和密码：MySQL 数据库管理系统的登录账号和登录密码（root/xxxxx）。
- 数据库名称：客户端需要连接的数据库。

【任务实施】

使用 pymysql 模块连接数据库，并快速实现数据库查询，要求如下。

微课 4-10
操作数据库

① 设置数据库连接参数。

② 设置连接对象并连接数据库,如果用户名密码输入错误或没有找到数据库打印输出相关提示，关闭数据库连接引用。

③ 使用连接对象新建表 test，并在表中插入 3 个数据，每个数据分别有 id、姓名、年龄、性别 4 个字段，插入数据后查询并打印输出。

源代码

步骤 1：使用 pymysql 模块连接数据库操作。

① 设置数据库连接参数，主要设置 dbServerIP、端口号 port、用户名称 root、用户密码、数据库名称 houserentals、使用 utf8 进行编码。

```
# 导入模块
import   pymysql


#设置数据库连接参数
dbServerIP = 'localhost'        # 数据库服务器 IP 地址
port = 3306                     # 数据库服务器连接端口号
```

```
user = 'root'                    # 数据库登录账号
password = '1'                   # 数据库登录密码
dbName = 'houserentals'          # 数据库名称
charset = 'utf8'                 # 数据库连接字符集
print('>> 设置数据库连接参数.')
```

② 创建一个有效的数据库连接引用对象，如果连接成功则打印"数据库连接成功"的提示，如果出现地址用户名或账号密码错误则打印相关提示，如果没有相关数据库也打印相关提示。

```
# 设置全局连接对象
connection = ''
try:
    connection = pymysql.connect(host=dbServerIP, port=3306, \
                                    user=user, password=password, \
                                    db=dbName, charset=charset)
    print('>> 数据库连接成功.')
except pymysql.err.OperationalError as err:
    print('>> 数据库 IP 地址或账号密码错误，请核实…')
    print('>> {0}'.format(str(err)))
except pymysql.err.InternalError as err:
    print('>> 数据库没有找到，请核实…')
    print('>> {0}'.format(str(err)))
finally:
```

③ 关闭数据库连接引用对象，并打印相关提示。

```
connection.close( )
print('>> 关闭数据库连接.')
```

步骤 2：保存数据到数据库。

使用连接对象新建一个光标对象 cursor，使用 cursor 操作数据库 SQL。

① 新建一个光标对象 cursor。

```
# 建立一个光标
cursor = connect.cursor( )
```

② 使用 cursor 创建一个表 test，表中有 id、姓名、年龄、性别 4 个字段，并执行 SQL。

```
name = 'test'
# SQL 创建表格的代码
sql = """create table {} (id varchar(10), name varchar(10),
age int, gender   nvarchar(10))""".format(name)
# 执行 SQL 语句
cursor.execute(sql)
```

③ test 表中插入 data 数据，使用 for 循环语句逐行执行 SQL 并实现数据插入，具体代码如下。

```
# 一次插入多条数据
data = [('001','唐三藏','32', '男'),
        ('002' , '孙悟空', '28', '男'),
        ('003' , '猪八戒', '19', '男'),
        ('004' , '沙和尚', '26', '男')]
# 对每一条数据进行循环
for i in data:
    sql = """insert into test values('{}','{}','{}','{}')""".format(*i)
    print(sql)
    cursor.execute(sql)
# test 表中插入数据需要注意的地方：最后需要连接对象提交
connect.commit( )
```

④ 新建一个光标，定义 SQL 查询语句，使用 execute( )方法执行查询 SQL；使用光标的 fetchall( )方法，获取操作对象查询到的所有数据，将其打印输出即可实现查询所有数据，具体代码如下。

```
# 建立一个光标
cursor = connect.cursor( )
# 定义查询语句然后执行
sql = 'select * from test'
cursor.execute(sql)
```

```
data2 = cursor.fetchall( ) #  查询到的所有数据
print(data2)
```

任务 4.7　使用 SQL 从数据库查询数据

【任务目标】

PPT：任务 4.7
使用 SQL 从数
据库查询数据

① 了解数据查询的常用方法。

② 掌握基本的 SQL 查询语句。

③ 理解模糊查询的方法。

④ 掌握等值和非等值连接查询、自然连接查询、嵌套查询和自身连接查询。

【知识准备】

1. 数据查询操作

Python 查询 MySQL 是典型的数据库"读"操作，因此无需事务的参与。使用 fetchone( ) 方法获取单条数据，使用 fetchall( ) 方法获取多条数据。

- fetchone( )：该方法获取下一个查询结果集。结果集是一个对象。

- fetchall( )：接收全部的返回结果行。

- rowcount：这是一个只读属性，并返回执行 execute( ) 方法后影响的行数。

微课 **4-11**
数据查询

2. 基本的 SQL 查询语句

基本的 SQL 查询语句是 "select * from 表 where 条件;"。

通过这条 SQL 语句可以查询到某张表中的所有字段信息。

筛选的运算符有多种，如比较运算符：等于（=）、不等于、（<> 或者 !=）、大于（>）、大于等于（>=）、小于（<）、小于等于（<=）、IS NULL IS NOT NULL，逻辑运算符：与（AND）、或（OR）、非（NOT）等。

通过 where 后面的 and 将 "<=" 和 "=" 两个比较运算符连接在一起，进行组合查询，从而得到所需要的值。

3. 模糊查询

SQL 语句中提供了一种模糊查询的语句，使用通配符 "%" 或 "_" 可以实现模糊查询，

"%" 是匹配多个字符，"_" 是匹配一个字符。

通过 like 和%组合，查询到正确的结果。其中，%既可以只在关键词前面出现，也可以在关键词后面出现，也可以在前面和后面同时出现，分别表示前匹配、后匹配、前后匹配。

4. 排序

排序分为升序排列和降序排列两种，其中，升序用关键词 asc，降序用 desc。

在 SQL 语句中，order by 表示将某个字段进行排序处理，再加上关键词 asc 或 desc 就能实现升序和降序的普通排序方法。

order by 还可以实现多个字段一起排序，按照字段的先后顺序进行优先级排序，语法是 "select * from 表 order by 字段 1 desc(asc)字段 2 desc(asc)…"，这样即可实现多个字段一起排序。

5. 等值和非等值连接查询

通过比较运算符（通常有=、>=、<=、>、<、<>、!=、like 等）进行查询条件的比较。SQL 语句的写法如下。

select A.*,B.* from A,B where A.主键=B.外键 and 其他查询条件;

例如，编写等值连接查询的 SQL 语句时，要明确指出数据源来源于哪几张表，并且要清楚地知道哪几个字段是相互关联的，然后再添加其他查询条件。其实这种查询的原理就是将数张表合成一张大表，字段相加，记录相乘，即笛卡尔积。

6. 自然连接查询

自然连接查询就是在等值连接查询的基础之上，将需要的列展示出来的查询。SQL 语句的写法如下。

select A.字段 1,B.字段 2 from A,B where A.主键 = B.外键 and 其他查询条件;

自然连接查询的本质实际上也是基于等值连接查询结果的，只是在查询结果集中进行筛选。因此，基于以上两种查询，优点是简单方便，缺点也很明显，即查询效率较低，不利于海量数据的查询。

7. 嵌套查询

嵌套查询就是将一个查询语句嵌套到另一个查询语句中，得到的查询结果集。

编写嵌套查询语句时要注意：在写之前要理清思路，表的结构要清晰明了。单条 SQL

查询语句要逐个验证，然后再结合在一起进行验证。其优点在于查询效率较高，缺点就是逻辑性比较强。

嵌套查询所用到的各种关键词如下。

● in：查询的值是否在子查询语句的结果集中。

● exist：子查询语句的结果只要不为空，就返回所有符合条件的查询结果。

8. 自身连接查询

当在一张表中用到该表的几个字段作为筛选条件，可以考虑使用自身连接查询实现，此时，需要为该表起一个别名。

通过 as 关键词为同一张表命名一个别名，自身连接查询在应用中往往因为语法简单、逻辑关系复杂而导致不太容易被理解。其实，只要将单表看成是多张表，跳出思维的局限性，有时在应用中会带来很多方便。

微课 4-12
数据查询任务
实施

【任务实施】

本任务案例是数据库 SQL 查询，首先在 Mysql 中建立 3 张表，分别是"学生表""学科表"和"学生成绩表"，建表语句如下。

源代码

学生表 tstudent 如下。

```
DROP table if exists 'custom'.'tstudent';
CREATE TABLE IF NOT EXISTS 'custom'.'tstudent'(
    'ID' INT(10) NOT NULL auto_increment,
    'name' VARCHAR(32) NULL DEFAULT NULL COMMENT '学生姓名',
    'age' int(10) unsigned DEFAULT NULL COMMENT '学生年龄',
    'sex' int(10) unsigned DEFAULT NULL COMMENT '学生性别 0-男,1-女',
    'class' VARCHAR(32) NULL DEFAULT NULL COMMENT '学生所在的班级',
    PRIMARY KEY ('ID'),
    UNIQUE INDEX 'ID_UNIQUE'('ID' ASC),
    INDEX 'idx_tstudent_ID'('ID' ASC)
)DEFAULT CHARACTER SET=utf8 COMMENT='学生表';
```

学科表 tsubject 如下。

```
DROP table if exists 'custom'.'tsubject';
CREATE TABLE IF NOT EXISTS 'custom'.'tsubject'(
```

```
    'ID' INT(10) NOT NULL auto_increment,

    PRIMARY KEY ('ID'),

    UNIQUE INDEX 'ID_UNIQUE' ('ID' ASC),

    INDEX 'idx_tsubject_ID'('ID' ASC)

)DEFAULT CHARACTER SET=utf8 COMMENT='学生科表';
```

学生成绩表 tscore 如下。

```
DROP table if exists 'custom'.'tscore';

CREATE TABLE IF NOT EXISTS 'custom'.'tscore'(

    'ID' INT(10) NOT NULL auto_increment,

    'student_ID' int(10) NOT NULL COMMENT '学生 ID',

    'subject_ID' int(10) NOT NULL COMMENT '学科 ID',

    'score' float NULL COMMENT '成绩',

    PRIMARY KEY ('ID'),

    UNIQUE INDEX 'ID_UNIQUE' ('ID' ASC),

    INDEX 'idx_tscore_ID'('ID' ASC)

)DEFAULT CHARACTER SET=utf8 COMMENT='学生的成绩表';
```

学生的成绩表通过 id 与学生表和学科表关联。随后，分别向这 3 张表中插入数据。表中数据见表 4-3～表 4-5。

表 4-3　学　生　表

ID	name	age	sex	class
1	吴卓安	16	0	初一（2）班
2	李娟	17	1	初一（2）班
3	刘森	16	0	初一（3）班
4	李佳贤	15	0	初一（2）班
5	苏雨晴	18	1	初一（4）班
6	商海龙	16	0	初一（1）班
7	侯龙宇	17	0	初一（3）班
8	李浩洋	18	0	初一（4）班
9	房鑫龙	17	0	初一（1）班
10	武辰	16	0	初一（2）班

表 4-4　学　科　表

ID	name
1	语文
2	数学
3	英语
4	物理
5	化学
6	政治
7	历史

表 4-5 学生成绩表

ID	student_ID	subject_ID	score
1	1	1	85.5
2	1	2	90
3	1	3	87
4	1	4	76
5	1	5	94
6	1	6	74
7	1	7	88.5
8	2	1	87
9	2	2	87.5
10	2	3	79
11	2	4	99
12	2	5	86
13	2	6	78.5
14	2	7	80.5
15	3	1	67

数据库中准备好以上数据后，完成数据的查询，要求如下。

① 单表查询，查询学生表中年龄不大于 17 岁的所有女同学。

② 单表查询，查询所有（4）班的学生信息。

③ 单表查询，将（2）班的所有同学按照年龄从小到大排列。

④ 多表查询，查询学生名为"李娟"的成绩。

⑤ 多表查询，查询"李娟"所有学科的成绩，展示学生姓名、学科和成绩。

⑥ 多表查询，查询学生名为"李娟"的语文考试成绩。

⑦ 多表查询，查询（1）班分数在 70 分以上的结果集。

⑧ 多表查询，查询大于所有女同学年龄的所有男同学。

步骤 1：查询学生表中年龄不大于 17 岁的所有女同学。

① 导入 pymysql 模块，并设置连接对象 db，打开数据库连接。

```
import   pymysql

#打开数据库连接
db=pymysql.connect(host='127.0.0.1',port=3306,user='root',passwd='123456',db='custom', charset='utf8')
```

② 创建一个游标对象，使用 cursor.fetchall( )方法将查询的数据返回，并按需求进行打印输出，代码如下。

```
#创建一个游标对象
cursor=db.cursor( )

#查询学生表中年龄不大于 17 岁的所有女同学
cursor.execute("select * from tstudent where age<=17 and sex=1;")
print(cursor.fetchall( ))
```

输出结果：

```
((2,'李娟',17,1,'初一（2）班'),(5,'苏雨晴',16,1,'初一（4）班'))
```

③ 关闭游标和数据库连接。

```
cursor.close( )
db.close( )
```

步骤 2：查询所有（4）班的学生信息。

通过光标对象使用 execute( )方法，执行 SQL 查询代码，查询所有（4）班的学生信息。

```
cursor.execute("select * from tstudent where class like '%（4）班%';")
print(cursor.fetchall( ))
```

输出结果：

```
((5,'苏雨晴',16,1,'初一（4）班'),(8,'李浩洋',18,0,'初一（4）班'))
```

步骤 3：将（2）班的所有同学按照年龄从小到大排列。

类似步骤 2，修改 SQL 查询语句，查询（2）班同学信息，并按照年龄字段进行升序排列。

```
cursor.execute("select * from tstudent where class like '%（2）班%" order by age asc;"")
print(cursor.fetchall( ))
```

输出结果：

```
#((4,'李佳贤',15,0,'初一（2）班'),(1,'吴卓安',16,0,'初一（2）班'),(10,'武辰',16,0,'初一（2）班'), (2,'李娟',17,1,'初一（2）班'))
```

步骤 4：查询学生名为"李娟"的成绩。

修改步骤 3 中的 SQL 语句，其他代码不变，查询出名为"李娟"的同学的成绩。

```
cursor.execute("select tstudent.*,tsubject.*,tscore.*"
          "from tstudent,tsubject,tscore where tscore.student_ID=tstudent_ID"
          "and tscore.subject_ID=tsubject.ID and tstudent.name='李娟';")
print(cursor.fetchall( ))
```

输出结果：

```
#((2,'李娟',17,1,'初一（2）班',1,'语文',8,2,1,87.0),
#(2,'李娟',17,1,'初一（2）班',2,'数学',9,2,1,87.5),
#(2,'李娟',17,1,'初一（2）班',3,'英语',10,2,1,79.0),
#(2,'李娟',17,1,'初一（2）班',4,'物理',11,2,1,99.0),
#(2,'李娟',17,1,'初一（2）班',5,'化学',12,2,1,86.0),
#(2,'李娟',17,1,'初一（2）班',6,'政治',13,2,1,78.5),
#(2,'李娟',17,1,'初一（2）班',7,'历史',14,2,1,80.5))
```

步骤 5：查询"李娟"所有学科的成绩，展示学生姓名、学科和成绩。

修改步骤 4 中的 SQL 代码，只选择学生姓名、学科名称、成绩 3 个字段展示。

```
cursor.execute("select tstudent.name.tsubject.name.tscore.score"
          "from tstudent.tsubject.tscore where tscore.student_ID=tstudent.ID"
          "and tscore.subject_ID=tsubject.ID and tstudent.name='李娟';")
print(cursor.fetchall( ))
```

输出结果：

```
# (('李娟','语文',87),('李娟','数学',87.5),('李娟','英语',79),('李娟','物理',99),('李娟','化学',
86),('李娟','政治',78.5),('李娟','历史',80.5))
```

步骤 6：查询学生名为"李娟"的语文考试成绩。

修改步骤 5 中的 SQL 查询语句。

```
cursor.execute("select score from tscore where student_ID in"
          "(select student_ID from tstudent where name='李娟')"
          "and subject_ID in(select ID from tsubject where name='语文');")
```

```
print(cursor.fetchall( ))
```

输出结果：

```
((87.0,),)
```

步骤 7：查询（1）班分数在 70 分以上的结果集。

- any：子查询语句的结果集中只要有任意一个满足条件，就返回所有符合条件的查询结果。
- all：子查询语句的结果集必须都要满足条件，才返回符合条件的查询结果。

注意 SQL 中 any 和 all 的用法，其会得到不同的结果，代码如下。

```
cursor.execute("select * from tscore where score>70"
        "and student_ID=any (select ID from tstudent where class like '%（1）班%');")
print(cursor.fetchall( ))
```

输出结果：

返回 tscore 表中所有的结果

```
cursor.execute("select * from tscore where score>70"
        "and student_ID=all (select ID from tstudent where class like '%（1）班%');")
print(cursor.fetchall( ))
```

输出结果：

查不到结果

步骤 8：查询大于所有女同学年龄的所有男同学。

修改 SQL 以满足查询条件，代码如下。

```
cursor.execute("select distinct A.* from"
        "tstudent as A,tstudent as B where A.sex=0 and B.sex=1 A.age>B.age;")
print(cursor.fetchall( ))
```

输出结果：

```
#((8,'李浩洋',18,0,'初一（4）班'))
```

任务 4.8   使用 SQL 聚合函数进行统计操作

【任务目标】

① 了解 SQL 语句里关于统计与计算的关键词。

② 理解分组的概念。

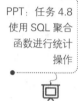

PPT：任务 4.8
使用 SQL 聚合
函数进行统计
操作

【知识准备】

1. 统计与计算

在 SQL 语句中，可以将结果进行统计，关键词有以下几种。

● COUNT：统计查询的总数。

● MAX：求出最大值。

● MIN：求出最小值。

● SUM：求和。

● AVG：求平均值。

2. 分组

在 SQL 语句中，通常使用 group by 进行分组，group by 的含义就是将某个字段进行分组，然后再对分组中的内容进行操作。

【任务实施】

本案例需要完成数据库 SQL 计算，统计学生表中所有学生个数，求学生表中年龄最大值，求所有学生的成绩之和；计算所有学生的成绩平均分，并统计成绩表中的学生成绩和（同任务 4.7 中的数据库表），要求如下。

① 统计学生表中所有学生的人数。

② 求出学生表中年龄的最大值。

③ 求出所有学生的成绩之和。

④ 计算所有学生成绩的平均分。

⑤ 统计成绩表中学生的平均成绩。

微课 4-13
使用 SQL 聚合
函数进行统计
操作

步骤 1：统计学生表中所有学生的人数。

导入 pymysql 模块，创建连接对象 db，并创建光标对象 cursor，执行 SQL
统计学生人数并输出，代码如下。

源代码

```
import    pymysql

#打开数据库连接
db=pymysql.connect(host='127.0.0.1',port=3306,user='root',passwd='123456',db='custom',
charset='utf8')

#创建一个游标对象
cursor=db.cursor( )

cursor.execute("select count(*) from tstudent;")
print(cursor.fetchall( ))
```

输出结果：

```
((10,),)
```

步骤 2：统计出学生表中年龄的最大值。

使用 cursor 对象，执行 SQL 查询，查询学生年龄最大的数值，代码如下。

```
cursor.execute("select MAX(age) from tstudent;")
print(cursor.fetchall( ))
```

输出结果：

```
((18,),)
```

步骤 3：求所有学生的成绩之和。

使用 cursor 执行 SQL 查询，查询学生的所有成绩之和并返回输出，具体代码如下。

```
cursor.execute("select SUM(score) from tscore;")
print(cursor.fetchall( ))
```

输出结果：

```
((5332.0,),)
```

步骤 4：计算所有学生成绩的平均分。

使用 cursor 光标对象执行 SQL，实现查找学生的平均成绩，返回并输出，具体代码如下：

```
cursor.execute("select AVG(score) from tscore;")
print(cursor.fetchall( ))
```

输出结果：

```
((76.17142857142858,),)
```

步骤 5：统计成绩表中学生的平均成绩。

使用 cursor 对象执行 SQL 查询语句，并查询每个学生的平均成绩，这里使用 group by 对学生 ID 进行分组，从而统计出每一个学生的成绩平均分，具体代码如下。

```
cursor.execute("select student_ID,AVG(score) from tscore group by student_ID;")
print(cursor.fetchall( ))
```

输出结果：

```
((1,85.0),(2,85.3),(3,76.0),(4,81.5),(5,75.0),(6,78.0),(7,87.0),(8,79.3),(9,81.3),(10,82.0))
```

任务 4.9 使用 SQL 更新数据库数据

【任务目标】

① 掌握数据库添加操作。

② 理解数据库中事务的概念。

PPT：任务 4.9
使用 SQL 更新
数据库数据

【知识准备】

1. 数据库添加操作

数据库添加操作是典型的"写"操作（增加、删除、修改均为写操作），具体如下。

① 获取数据库的一个有效连接对象。

② 创建一个游标 cursor 对象，用于发送 SQL 语句并返回执行结果。

```
数据库连接对象.cursor( )：cursor
```

③ 创建一个数据库 SQL 中的插入记录语句。

④ 使用游标对象的 execute( )函数完成对 SQL 语句的执行。

cursor 对象.execute(SQL 插入记录语句)：int

⑤ 提交事务，保障数据写入数据库。

⑥ 关闭数据库连接对象。

2. 数据库中的事务

（1）事务（Transaction）

事务是数据库中的重要概念，其主要目的是保障各个数据表中的数据一致性。

- 一个完整业务流程是由单一的 SQL 操作或多个 SQL 操作的组合形成，为了保障流程中各个 SQL 语句都为正确操作，人们会把流程中的所有数据库操作作为一个"整体"处理。

- 若业务流程中的某个数据库操作 SQL 语句出现错误或异常，则事务中的所有 SQL 语句操作都会被回滚，还原至操作前，否则就整体提交到数据库物理文件实现永久性写入。

注意："整体提交，整体回滚"是事务的重要特点。

（2）事务的 4 个特性（ACID）

- 原子性（Atomicity）。一个事务是一个不可分割的工作单位，事务中包括的操作要么都做，要么都不做。

- 一致性（Consistency）。事务必须是使数据库从一个一致性状态变到另一个一致性状态。一致性与原子性是密切相关的。

- 隔离性（Isolation）。一个事务的执行不能被其他事务干扰，即一个事务内部的操作及使用的数据对并发的其他事务是隔离的，并发执行的各个事务之间不能互相干扰。

- 持久性（Durability）。持续性也称永久性（Permanence），指一个事务一旦提交，它对数据库中数据的改变就应该是永久性的。接下来的其他操作或故障不应该对其有任何影响。

（3）Python 中事务的两个操作函数

- 事务提交：数据库连接对象.commit( )。

- 事务回滚：数据库连接对象.rollback( )。

实例代码：

```
#SQL 执行语句的设置
sql = "DELETE FROM EMPLOYEE WHERE AGE > '%d'" % (20)
try:
     # 执行 SQL 语句
    cursor.execute(sql)
    # 向数据库提交
    db.commit( )
except:
    # 发生错误时回滚
    db.rollback( )
```

【任务实施】

本案例是数据库 SQL 计算，使用 pymysql 模块，向出租房屋数据表 lessor 添加一条记录信息，实现数据库添加操作。快速实现数据库添加、更新、删除操作，例如，更新出租者 lessor 表中的编号为 7 的用户密码为 000000，删除员工编号为 8 的出租者信息记录。完成对 RentingHouse 表的操作，要求如下：

① 使用 pymysql 模块实现数据库添加操作。

② 使用 pymysql 快速实现数据库更新操作。

③ 使用 pymysql 快速实现数据库删除操作。

微课 4-14
使用 SQL 更新
数据库数据

④ 使用 pymysql 实现控制台接收用户录入的数据信息，添加到数据库中，并实现数据可展示。

步骤 1：使用 pymysql 模块实现数据库添加操作。

导入 pymysql 模块，并设置全局连接对象 connection。

源代码

```
import  pymysql
connection = ''
try:
```

设置本地数据库连接设置，db 为本地数据库名称，通过 pymysql 获取一个有效的数据库连接引用对象 connection。

```
connection = pymysql.connect(host='localhost', port=3306, \
```

```
                                    user='root', password='1', \
                                    db='houserentals', charset="utf8")
print('>> 数据库连接成功.')
```

通过 connection 对象创建一个光标对象 cursor，并令 sql 变量为数据插入 SQL 语句。

```
cursor = connection.cursor( )
# 设置数据表插入记录的 SQL 语句
sql ="INSERT INTO lessor (id,pass_word,user_name,rdate) \
VALUES ('testuser01','123456','测试用户 1','2018-05-01');"
print('>> SQL: %s' %(sql))
```

使用光标对象 cursor 执行 SQL 语句，实现数据内容插入数据库 lessor 表中。

```
cursor.execute(sql)
print('>> SQL 语句执行成功.')
```

设置事务提交和事务回滚，并同时打印操作提示，如 ">> 事务提交成功." 或 ">> SQL 执行异常，事务回滚…"。

```
    connection.commit( )
    print('>> 事务提交成功.')
except:
    # 事务回滚
    connection.rollback( )
    print('>> SQL 执行异常，事务回滚…')
finally:
```

最后关闭数据库连接对象。

```
connection.close( )
print('>> 关闭数据库连接.')
```

步骤 2：快速实现数据库更新操作。

首先，导入 pymysql、datools 模块。

```
import   pymysql
import datools
```

设置 SQL 数据更新语句,使用光标 cursor 操作数据库实现 lessor 表中编号为 7 的用户密码为 000000。

```
cursor = connection.cursor( )
      # 设置数据表更新记录的 SQL 语句
sql ="update lessor set pass_word=\'%s\' where id='testuser01'" %('000000')
```

打印数据更新成功,否则打印错误失败提示。

```
cursor.execute(sql)
print('>> 事务提交成功.'))
# 需要注意的地方: 需要提交
connect.commit( )
```

步骤 3:快速实现数据库删除操作。

导入 pymysql 模块。

```
import    pymysql
```

设置 SQL 语句变量 sql,实现删除员工编号为 8 的出租者信息记录。

```
cursor = connection.cursor( )
      # 设置数据表删除记录的 SQL 语句
sql = 'delete from lessor where id=%d'    %(8)
```

使用光标对象 cursor 操作数据库,实现数据库中删除 lessor 表中相关信息。

```
cursor.execute(sql)
print('>> 事务提交成功.')
# 需要注意的地方: 需要提交
connect.commit( )
```

步骤 4:完成对 RentingHouse 表的操作。

导入 pymysql、os 模块。

```
import    pymysql
import os
```

设置脚本程序入口,并打印提示用户录入房屋信息。

```
if __name__ == '__main__':
    while True:
        # 显示信息
        os.system('cls')
        print('-' * 30)
        print('出租屋信息录入')
        print('-' * 30, '\n')
```

设置变量接收用户输入的数据，分别设置房屋地址、房屋面积、房屋楼层、出租价格、租户编号这 5 个变量字段。

```
rhaddress = input('房屋地址:> ')
rharea = float(input('房屋面积:> '))
rhfloor = int(input('房屋楼层:> '))
rhprice = float(input('出租价格:> '))
lessor_leid = int(input('租户编号:> '))
```

变量接收控制台接收用户录入的数据信息，声明 SQL 语句编写插入语句，使用光标 cursor 对象将接收用户录入信息并添加到数据库中，实现录入出租屋信息，最终打印录入信息是否成功的提示。

```
cursor = connection.cursor()
# 设置数据表插入记录的 SQL 语句
sql ="insert into rentinghouse \
(rhaddress,rharea,rhfloor,rhprice,lessor_leid) \
values (\'%s\', %f, %d, %f, %d);" \
%(rhaddress, rharea, rhfloor, rhprice,lessor_leid)
# 数据添加
cursor.execute(sql)
# 响应操作结果
print('>> 事务提交成功.')
# 需要注意的地方: 需要提交
connect.commit()
```

提示用户是否继续输入，如果用户停止输入，程序结束。

```
choice = input('是否继续(y/n)? ')
if choice.lower( ) == 'n':
    break
pass
```

使用光标 cuosor 对象实现查询数据库相关信息，同时使用 fetchall( )函数查询所有数据，显示最终结果。

```
sql = 'select * from rentinghouse'
# 使用 cursor 实现数据库的查询
cursor.execute(sql)
print('\n 当前出租屋的全部信息：')
cursor.fetchall( ) #查询返回所有查询数据
print('>> 系统退出.')
```

综合练习

综合练习需要完成文件信息保存，需要使用 Python 将 CSV 格式存入 MySQL 数据库。

假设从某个网站的财经栏目中，爬取或下载到一些股票的历史交易数据，并保存了众多的 CSV 格式文件。把这些 CSV 文件导入 MySQL 数据库中。

例如，网易财经数据网络地址为http://quotes.money.163.com/trade/lsjysj_600508.html#01b07，下载并保存成 CSV 文档，要求如下。

① 使用 pymysql 连接数据库。

② 使用 pandas 读取 CSV 文件数据。

③ 自定义函数实现 pandas 读取本地文件转化为列表类型数据。

④ 自定义函数实现函数内创建光标，由光标对象创建数据库、数据库表和插入数据操作。

⑤ 检测查看数据是否录入数据库。

⑥ 关闭数据库连接对象。

源代码

步骤 1：使用 pymysql。

安装：pip install pymysql。

还需要使用 pandas pip install pandas 命令。

```
#首先，与 MySQL 建立连接
import pymysql
# 参数设置 DictCursor 使其输出为字典模式 连接到本地用户 ffzs、密码为 666
config = dict(host='localhost', user='ffzs', password='666',
              cursorclass=pymysql.cursors.DictCursor
              )
# 建立连接
conn = pymysql.Connect(**config)
# 自动确认 commit True
conn.autocommit(1)
# 设置光标
cursor = conn.cursor( )
```

步骤 2：使用 pandas 读取 CSV 文件。

可以去网易财经随机下载一个 CSV 文件用于数据测试。

原始数据如图 4-12 所示，这里只需要日期、收盘价、最高价、最低价、开盘价和成交量，其他数据都不要，如图 4-13 所示。

	A	B	C	D	E	F	G	H	I	J	K	L	M	N	O
1	日期	股票代码	名称	收盘价	最高价	最低价	开盘价	前收盘	涨跌额	涨跌幅	换手率	成交量	成交金额	总市值	流通市值
2	2021-4-30	'002151	北斗星通	40.62	41.02	40.3	40.94	40.9	-0.28	-0.6846	0.7796	3957474	160371296	20623992478	20620153888
3	2021-4-29	'002151	北斗星通	40.9	41.35	40.45	40.67	40.71	0.19	0.4667	0.9326	4734456	193437103.4	20766156877	20762291827
4	2021-4-28	'002151	北斗星通	40.71	40.84	40.2	40.3	40.34	0.37	0.9172	0.8763	4448306	180445789.3	20665688178	20665841083
5	2021-4-27	'002151	北斗星通	40.34	40.84	40.26	40.83	41.01	-0.67	-1.6337	1.0794	5302481	214402045.5	20481828079	19816890749
6	2021-4-26	'002151	北斗星通	41.01	41.84	41	41.64	41.63	-0.62	-1.4893	1.1083	5444453	224918115.8	20822007177	20146026019
7	2021-4-23	'002151	北斗星通	41.63	42.25	41.52	42.13	41.92	-0.29	-0.6918	0.9578	4705017	196890304.2	21136799775	20450598955
8	2021-4-22	'002151	北斗星通	41.92	42.48	41.76	41.83	42.06	-0.14	-0.3329	1	4912241	206719761.3	21284041474	20593060490
9	2021-4-21	'002151	北斗星通	42.06	42.67	41.24	41.97	42.08	-0.02	-0.0475	1.1309	5555374	233299204.4	21355123674	20661935024
10	2021-4-20	'002151	北斗星通	42.08	42.83	42.07	42.53	42.52	-0.44	-1.0348	1.2834	6304633	267611797.5	21365278274	20671659958
11	2021-4-19	'002151	北斗星通	42.52	42.87	41.41	41.53	41.53	0.99	2.3838	1.6808	8257075	349047514.3	21588679472	20887808493
12	2021-4-16	'002151	北斗星通	41.53	41.8	40.9	41.12	41.12	0.41	0.9971	1.0454	5135575	212512384.6	21086026775	20401474288
13	2021-4-15	'002151	北斗星通	41.12	41.5	41.04	41.45	41.45	-0.33	-0.7961	0.5882	2889611	118968896.6	20877857477	20200063153

图 4-12 原始数据

```
import pandas as pd
# pandas 读取文件，这里用一个爬取的股票文件改的名字
# usecols 即只用这些列，其他列不需要
# parse_dates 由于 csv 只存储 str、int、float 格式，无法存储日期格式，所以读取时设定将"日期"列读作时间格式
df = pd.read_csv('stock.csv', encoding='gbk', usecols=[0, 3, 4, 5, 6, 11], parse_dates=['日期'] )
```

	日期	收盘价	最高价	最低价	开盘价	成交量
0	2021-4-30	40.62	41.02	40.3	40.94	3957474
1	2021-4-29	40.9	41.35	40.45	40.67	4734456
2	2021-4-28	40.71	40.84	40.2	40.3	4448306
3	2021-4-27	40.34	40.84	40.26	40.83	5302481
4	2021-4-26	41.01	41.84	41	41.64	5444453
5	2021-4-23	41.63	42.25	41.52	42.13	4705017
6	2021-4-22	41.92	42.48	41.76	41.83	4912241
7	2021-4-21	42.06	42.67	41.24	41.97	5555374

图 4-13

步骤 3：格式转换。

在创建 table 时需要设置列的类型，这里写一个 function 将 pandas 的类型转换为 SQL 类型，代码如下：

```
# 一个根据 pandas 自动识别 type 来设定 table 的 type
def make_table_sql(df):
    columns = df.columns.tolist( )
    types = df.dtypes
    # 添加 id 自动递增主键模式
    make_table = []
    for item in columns:
        if 'int' in str(df[item].dtype):
            char = item + ' INT'
        elif 'float' in str(df[item].dtype):
            char = item + ' FLOAT'
        elif 'object' in str(df[item].dtype):
            char = item + ' VARCHAR(255)'
        elif 'datetime' in str(df[item].dtype):
            char = item + ' DATETIME'
        make_table.append(char)
    return ','.join(make_table)
```

步骤 4：创建 table 并批量写入 MySQL。

定义 csv2mysql( )函数，实现创建数据库、数据表，并插入数据操作。

```
# CSV 格式输入 MySQL 中
def csv2mysql(db_name, table_name, df):
```

```
    # 创建 database
    cursor.execute('CREATE DATABASE IF NOT EXISTS {}'.format(db_name))
    # 选择连接 database
    conn.select_db(db_name)
    # 创建 table
    cursor.execute('DROP TABLE IF EXISTS {}'.format(table_name))
    cursor.execute('CREATE TABLE {}({})'.format(table_name,make_table_sql(df)))
    # 提取数据转 list，这里有数据与 pandas 时间模式不同而无法写入，因此换
成 str，此时 MySQL 上格式已经设置完成
    df['日期'] = df['日期'].astype('str')
    values = df.values.tolist()
    # 根据 columns 个数
    s = ','.join(['%s' for _ in range(len(df.columns))])
    # executemany 批量操作，插入数据，批量操作比逐个操作快很多
    cursor.executemany('INSERT INTO {} VALUES ({})'.format(table_name,s), values)
```

步骤 5：测试是否成功写入。

① 运行 function。执行函数，并创建数据库 stock、表名 test1，具体代码如下。

```
csv2mysql(db_name='stock', table_name='test1', df=df)
```

② 测试。

```
cursor.execute('SELECT * FROM test1 LIMIT 5')
# scroll(self, value, mode='relative') 移动指针到某一行；如果 mode='relative',表
示从当前所在行移动 value 条；如果 mode='absolute',则表示从结果集的第一行移动
value 条
cursor.scroll(4)
cursor.fetchall()
```

输出结果：

```
[{'日期': datetime.datetime(2021, 7, 1, 0, 0),
  '收盘价': 9.22,
  '最高价': 9.44,
```

'最低价': 9.21,

'开盘价': 9.36,

'成交量': 4746961}]

③ 进入数据库查看，如图 4-14 所示。

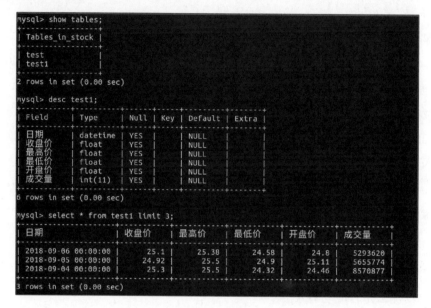

图 4-14　查看数据

步骤 6：关闭连接。

关闭连接对象。

```
# 光标关闭
cursor.close( )
# 连接关闭
conn.close( )
```

项目总结

本项目主要完成了使用 csv、numpy 和 pandas 模块读写 CSV 格式的文件；使用 xml、json 模块从 XML 和 JSON 格式文件中读取数据；使用 xlrd、xlwt、pandas 模块读写 Excel 文件数据；以及使用 pymysql 模块连接到 MySQL 数据库服务并进行数据操作；编写 SQL 语句从多个表中查询给定条件的数据；使用 SQL 聚合函数对数据进行求和、求平均值、求极值、计数等统计操作；通过 SQL 语句执行插删改操作；编写 SQL 语句向数据库中批量写入数据；最后通过一个综合实例，实现了读取 CSV 文件写入 MySQL 数据库。

课后练习

一、简答题

1. 如何理解对象序列化和反序列化操作？

文本：参考答案

2. 简述 pickle 模块中 dumps( )\loads( )和 dump( )\load( )的区别。

3. 简述 JSON 文件格式的标准。

4. CSV 文件的标准及读写操作的基本函数如何使用？

5. numpy 模块库的特色是什么？

二、编程题

1. 函数编程，读取程序中的数据 data，并将数据写入 JSON 文件中。

数据如下：

data = [{'id':1, 'title': '测试标题 1', 'author': '匿名用户 1', 'publish': '2018-01-01', 'content': '这里是帖子的测试内容 1……'},

　　{'id':2, 'title': '测试标题 2', 'author': '匿名用户 3', 'publish': '2018-02-11', 'content': '这里是帖子的测试内容 2……',}]

要求如下：

① 控制台循环接收用户输入的数据，并将数据添加到全局 list 列表对象中，每一条数据封装成一个字典类型（最终 list 对象数据结构如上）。

② 创建一个函数 toJson(…)，实现读取 list 列表数据并存入 data.json 文件中。

③ 使用 OOP 封装 Post 类，创建 PostTools 工具类完成 addPost( )方法，实现添加到 JSON 文件的操作，完成 showPost( )方法实现从 JSON 文件读取数据并在控制台显示。

2. 函数编程，实现各种数据文件格式互相转换的功能脚本。

要求如下。

① 定义函数 jsonTocsv( )，实现 JSON 文件转换成 CSV 格式的文件。

② 定义函数 csvTojson( )，实现 CSV 文件转换成 JSON 文件。

③ 定义函数 jsonToexcel( )，实现 JSON 文件转换成 Excel 文件。

④ 定义函数 excelTocsv( )，实现 Excel 文件转换成 CSV 文件。

⑤ 使用 OOP 编程模式重构，定义类 FileConverter，实现互相转换的类方法。

3．读取 iris.csv 数据，抽取数据部分的内容。

数据采集：使用 loadtxt( )函数读取 CSV 数据（iris.csv）。

项目5　数据预处理

学习目标

本项目使用 Python 语言和 numpy、pandas 和 matplotlib 等工具包对数据集进行初步处理，具体如下。

① 掌握识别和处理缺失值的基本方法，能够使用 numpy 和 pandas 的相关函数处理缺失值。

② 掌握识别和处理重复值的基本方法，能够使用 numpy 和 pandas 的相关函数处理重复值。

③ 掌握数据类型转换的方法，能够使用 numpy 和 pandas 的相关函数完成数据类型转换。

④ 掌握划分子集的方法，能够使用相关函数划分训练集、验证集和测试集。

⑤ 掌握数据集的描述性统计信息的相关概念，能够使用相关函数获取数据集的描述性统计信息。

⑥ 掌握数据分布图的相关概念，能够使用 matplotlib 按照需求绘制数据分布图。

项目介绍

本项目针对给定的数据集，检测缺失值和重复值，并采用恰当的方法处理缺失值和重复值；对原始数据集划分子集，可以获取描述性统计信息，最终使用数据分布图展示数据集。

任务 5.1 识别和处理缺失值

【任务目标】

PPT：任务 5.1
识别和处理
缺失值

① 能够定位和识别数据集中的缺失值。

② 能够使用指定的方法处理数据集中的缺失值。

③ 能够根据需要选择合适的方法处理数据集中的缺失值。

【知识准备】

1. 缺失值产生的原因

缺失值产生的原因多种多样，主要分为机械原因和人为原因。机械原因是由机械的客观原因导致数据收集或保存失败造成的数据缺失，如数据存储的失败、存储器损坏、机械故障导致某段时间数据未能收集（对于定时数据采集而言）等；人为原因是由人的主观失误、历史局限或有意隐瞒造成的数据缺失，如在市场调查中被访人拒绝透露相关问题的答案或者回答的问题是无效的、数据录入人员失误漏录了数据等。

2. 缺失值的类型

数据集中不含缺失值的变量（属性）称为完全变量，含有缺失值的变量称为不完全变量。缺失值的产生有以下 3 种机制。

① 完全随机缺失（Missing Completely At Random, MCAR）：数据的缺失是完全随机的，不依赖于任何不完全变量或完全变量，不影响样本的无偏性，如家庭地址缺失。

② 随机缺失（Missing At Random, MAR）：数据的缺失不是完全随机的，即该类数据的缺失依赖于其他完全变量。

③ 非随机缺失（Missing Not At Random, MNAR）：数据的缺失与不完全变量自身的取值有关。

3. 缺失值的处理方法

对于缺失值的处理，总体分为删除存在缺失值的样本和缺失值填补两种方法。

（1）删除法

将缺失值所在的行删除，或者删除缺失值对应变量（该变量含有缺失值比例过大），可能会丢失很多隐藏的重要信息；缺失比例较大时直接删除可能会发生数据偏移，如原本的正态分布变为非正太分布。该方法适用于样本数据量大且缺失值不多的情况。

（2）填补法

数据除了可以采用删除策略外，对于缺失率较小（10%～15%）且缺失值变量非常重要的情况下，可以采用填补法。填补法主要有以下几种。

① 平均值填补。对于数值型变量，若存在的变量值是正态分布，则选择均值填补；若是偏态分布，则选择中位数填补；如果不是数值型变量，则选择众数填补。

单一的填补法具有一定缺点：可能会扭曲目标变量的分布，低估填充变量的方差，可能错误判断变量与变量之间的关系，无法得到真实的结果；基于填补的数据来推断参数，无法解释填充的不确定性。

因此，只有数据量少的情况下，才可以使用该方法。

② 邻近值填补。对每一列缺失值使用邻近位置的数据进行填补。

③ 随机森林填补。缺失值的填补也可以利用其他变量做模型进行缺失变量的预测，使用随机森林填补就是其中一种。假设包含缺失值的是特征 T，目的是填充特征 T 的特征值，则随机森林填补缺失值的做法如下。

- Y_train：无缺失值的特征 T。
- X_train：与 Y_train 对应的无缺失值的其他 n 个特征。
- X_test：特征 T 为缺失值的其他 n 个特征。
- Y_test：需要求出的未知数值的特征 T。

（3）不处理

一些模型本身可以应对具有缺失的数据，此时无需对缺失值进行处理，如贝叶斯网络和人工神经网络等。

4．相关库函数

（1）检测缺失值

语法格式：

```
DateFrame.isnull( )
```

函数说明：

返回一个布尔值相同大小的对象，指示值是否为 NA。NA 值（如 None 或 numpy.NaN）被映射为 True，其他所有内容都映射为 False。如空字符串之类的字符或 numpy.inf 不视为

微课 5-1
处理缺失值的
相关库函数

NA 值的字符（可以设置）。

```
pandas.options.mode.use_inf_as_na = True
```

实例代码：

```python
import numpy as np
import pandas as pd


# 构造数据
dict = {'name':['zhanglei','wanghong','huming','zhaoxiang','shiyou'],
        'gender':['male','female','male',np.nan,'female'],
        'score':[90,95,np.nan,100,80]
        }


df = pd.DataFrame(dict)
print(df)
'''
```

输出结果：

```
      name    gender  score
0   zhanglei    male    90.0
1   wanghong  female    95.0
2     huming    male     NaN
3  zhaoxiang     NaN   100.0
4     shiyou  female    80.0
'''
```

实例代码：

```python
# 查看缺失值
#df.isnull() 返回与 df 相同大小的 DataFrame，显示布尔类型的对应的数值是否为 null
df.isnull()
'''
```

输出结果：

```
name    gender    score
0    False  False  False
1    False  False  False
2    False  False  True
3    False  True   False
4    False  False  False
'''
```

实例代码：

```
# df.isnull( ).any( )则会判断哪些"列"存在缺失值
df.isnull( ).any( )
'''
```

输出结果：

```
name        False
gender      True
score       True
dtype: bool
'''
```

实例代码：

```
# 统计每一列缺失值个数
print(df.isnull( ).sum( ))
'''
```

输出结果：

```
name      0
gender    1
score     1
dtype: int64
'''
```

实例代码：

```
# 查看缺失值对应的行列
df[df.isnull( ).values==True]
'''
```

输出结果：

```
    name gender      score
2   huming     male  NaN
3   zhaoxiang  NaN   100.0
'''
```

（2）删除缺失值

语法格式：

```
DateFrame.dropna(axis = 0，how = 'any'，thresh = None，subset = None，inplace = False)
```

函数说明：

axis 为 0 或 index，表示删除包含缺失值的行；为 1 或"列"，表示删除包含缺失值的列。

how 为 any，表示如果存在任何 NA 值，则删除该行或列；为 all，表示如果所有值均为 NA，则删除该行或列。

return 表示删除了 NA 条目的 DataFrame。

实例代码：

```
import numpy as np
import pandas as pd


# 构造数据
dict = {'name':['zhanglei','wanghong','huming','zhaoxiang','shiyou'],
        'gender':['male','female','male',np.nan,'female'],
        'score':[90,95,np.nan,100,80]
        }


df = pd.DataFrame(dict)
```

```
print(df)
'''
```

输出结果：

```
        name    gender   score
0    zhanglei    male    90.0
1   wanghong   female    95.0
2     huming    male     NaN
3  zhaoxiang    NaN     100.0
4     shiyou   female    80.0
'''
```

实例代码：

```
# 统计每一列缺失值个数
print(df.isnull( ).sum( ))
'''
```

输出结果：

```
name      0
gender    1
score     1
dtype: int64
'''
```

实例代码：

```
# 删除缺失值
df1 = df.dropna( )

# 查看删除缺失值后结果
df1
'''
```

输出结果：

```
     name        gender    score
0    zhanglei    male      90.0
1    wanghong    female    95.0
4    shiyou      female    80.0
'''
```

（3）使用指定的方法填充 NA/NaN 值

语法格式：

DataFrame.fillna(value=None,method=None,axis=None,inplace=False,limit=None, downcast=None)

函数说明：

value 表示用于填充的值（如 0），或者是 dict/Series/DataFrame 的值，该值指定每个索引（对于 Series）或列（对于 DataFrame）使用哪个值，不在 dict/Series/DataFrame 中的值将不被填充。该值不能是列表。

axis 表示填充缺失值所沿的轴。

return 表示缺失值被填充的 DataFrame。

实例代码：

```python
import numpy as np
import pandas as pd


# 构造数据
dict = {'name':['zhanglei','wanghong','huming','zhaoxiang','shiyou'],
        'class':['A','B','A',np.nan,'A'],
        'score':[90,95,np.nan,100,80],
        'score2':[70,80,92,100,np.nan]
        }


df = pd.DataFrame(dict)
print(df)
'''
```

输出结果：

```
      name class   score   score2
0   zhanglei     A    90.0     70.0
1   wanghong     B    95.0     80.0
2    huming      A     NaN     92.0
3  zhaoxiang   NaN   100.0    100.0
4    shiyou      A    80.0      NaN
'''
```

实例代码：

```
# 查看缺失值
df.isnull( ).sum( )
'''
name       0
class      1
score      1
score2     1
dtype: int64
'''


# 使用众数填充缺失值
df['class'] = df['class'].fillna(df['class'].mode( ) [0])

# 使用中位数填充缺失值
df['score'] = df['score'].fillna(df['score'].median( ))

# 使用均值填充缺失值
df['score2'] = df['score2'].fillna(df['score2'].mean( ))

print(df)
'''
```

输出结果：

	name	class	score	score2
0	zhanglei	A	90.0	70.0
1	wanghong	B	95.0	80.0
2	huming	A	92.5	92.0
3	zhaoxiang	A	100.0	100.0
4	shiyou	A	80.0	85.5

'''

【任务实施】

本任务需要完成缺失值处理，案例采用了泰坦尼克数据集（路径为 data/titanic.csv），记录了 1912 年泰坦尼克号沉船事件中乘客的个人信息以及存活情况，数据集中一共给出 891 条记录和 11 个特征字段，含义如下。

① Survived：0 代表死亡，1 代表存活。

② Pclass：乘客所持票类，有 1、2、3 共 3 类。

③ Name：乘客姓名。

④ Sex：乘客性别。

⑤ Age：乘客年龄。

⑥ SibSp：乘客兄弟姐妹/配偶的个数（整数值）。

⑦ Parch：乘客父母/孩子的个数（整数值）。

⑧ Ticket：票号（字符串）。

⑨ Fare：乘客所持票的价格（浮点数，0～500 不等）。

⑩ Cabin：乘客所在船舱。

⑪ Embark：乘客登船港口，有 S、C、Q 共 3 种值。

微课 5-2
缺失值处理任务实施

其中一些特征非空记录并不是 891 条，也就是包含缺失值，在对数据分析建模前需要对缺失值进行处理。请找出包含缺失值的特征，并选用合适的方法对缺失值进行处理。要求如下：

① 导入泰坦尼克数据集，查看数据集属性。

② 删除 Cabin 字段所有数据。

③ 众数填充 Embarked 字段数据缺失值。

④ 随机森林算法填充 Age 字段缺失值。

源代码

步骤 1：导入泰坦尼克数据，并查看含有缺失数据的特征。

导入 pandas、matplotlib.pyplot、numpy 模块，从 sklearn 的 ensemble 模型中导入随机森林方法，使用 pandas 读取 CSV 文件，并命名为 df，导入数据后通过 df 对象调用 info( ) 方法查看数据类型总体状况，实现代码如下。

```python
import pandas as pd
import matplotlib.pyplot as plt
import numpy as np
from  sklearn.ensemble import RandomForestRegressor
df = pd.read_csv('data/titanic.csv')


df.info( )
'''
<class 'pandas.core.frame.DataFrame'>
RangeIndex: 891 entries, 0 to 890
Data columns (total 12 columns):
 #   Column       Non-Null Count   Dtype
---  ------       --------------   -----
 0   PassengerId  891 non-null     int64
 1   Survived     891 non-null     int64
 2   Pclass       891 non-null     int64
 3   Name         891 non-null     object
 4   Sex          891 non-null     object
 5   Age          714 non-null     float64
 6   SibSp        891 non-null     int64
 7   Parch        891 non-null     int64
 8   Ticket       891 non-null     object
 9   Fare         891 non-null     float64
 10  Cabin        204 non-null     object
 11  Embarked     889 non-null     object
dtypes: float64(2), int64(5), object(5)
memory usage: 83.7+ KB
```

```
'''

# 查看缺失值
df.isnull( ).sum( )
'''
PassengerId        0
Survived           0
Pclass             0
Name                0
Sex                0
Age               177
SibSp              0
Parch              0
Ticket             0
Fare               0
Cabin             687
Embarked            2
dtype: int64
'''
```

可以看到数据集一共 891 条数据，11 个特征字段，其中 Age 特征字段包含 177 个缺失值，Cabin 字段包含 687 个缺失值，Embarked 字段包含 2 个缺失值。

步骤 2：处理缺失值。

Cabin 特征字段缺失率过高，达到近 80%，故选择放弃该特征，删除此列。Embarked 特征字段非数值型变量，且缺失数目少，填充众数。Age 字段用随机森林填补缺失值。

① 处理 Cabin 字段。删除该特征，其代码如下。

```
# 删除特征 Cabin
del df['Cabin']


# 查看包含缺失值的特征
df.isnull( ).sum( )
```

```
'''
```

输出结果：

```
PassengerId    0
Survived       0
Pclass         0
Name           0
Sex            0
Age            177
SibSp          0
Parch          0
Ticket         0
Fare           0
Embarked       2
dtype: int64
'''


df.info()
'''
```

输出结果：

```
<class 'pandas.core.frame.DataFrame'>
RangeIndex: 891 entries, 0 to 890
Data columns (total 11 columns):
```

#	Column	Non-Null Count	Dtype
0	PassengerId	891 non-null	int64
1	Survived	891 non-null	int64
2	Pclass	891 non-null	int64
3	Name	891 non-null	object
4	Sex	891 non-null	object

```
5    Age          714 non-null    float64
6    SibSp        891 non-null    int64
7    Parch        891 non-null    int64
8    Ticket       891 non-null    object
9    Fare         891 non-null    float64
10   Embarked     889 non-null    object
dtypes: float64(2), int64(5), object(4)
memory usage: 76.7+ KB
'''
```

此时，数据中不包括 Cabin 特征，已成功删除。

② 处理 Embarked 字段。缺失值填充众数，代码如下。

```
# 使用 Embarked 特征的众数填补 Embarked 特征的缺失值
df['Embarked'] = df['Embarked'].fillna(df['Embarked'].mode( ) [0])

# 查看包含缺失值的特征
df.isnull( ).sum( )
'''
```

输出结果：

```
PassengerId     0
Survived        0
Pclass          0
Name            0
Sex             0
Age             177
SibSp           0
Parch           0
Ticket          0
Fare            0
Embarked        0
```

```
dtype: int64
'''
```

Embarked 特征缺失值为 0，表示已成功填充缺失值。

③ 处理 Age 字段。设计模型 x 为 Fare、Parch、SibSp、Pclass 这 4 个数值类变量，y 为已知乘客的年龄 age。使用随机森林方法构建模型对象，并使用相关模型进行拟合，得到模型并使用模型预测缺失的年龄变量 predictedAges 的值，填补缺失值，代码如下。

```
# 把数值型特征都放到随机森林中
age_df=df[['Age','Fare','Parch','SibSp','Pclass']]
known_age = age_df[age_df.Age.notnull( )].values
unknown_age = age_df[age_df.Age.isnull( )].values
y=known_age[:,0]#y 是年龄，第一列数据
x=known_age[:,1:]#x 是特征属性值，后面几列
rfr=RandomForestRegressor(random_state=0,n_estimators=2000,n_jobs=-1)
# 根据已有数据拟合随机森林模型
rfr.fit(x,y)
# 预测缺失值
predictedAges = rfr.predict(unknown_age[:,1:])
# 填补缺失值
df.loc[(df.Age.isnull( )),'Age'] = predictedAges

df.info( )
'''
```

输出结果：

```
<class 'pandas.core.frame.DataFrame'>
RangeIndex: 891 entries, 0 to 890
Data columns (total 11 columns):
 #   Column        Non-Null Count   Dtype
---  ------        --------------   -----
 0   PassengerId   891 non-null     int64
 1   Survived      891 non-null     int64
```

2	Pclass	891 non-null	int64
3	Name	891 non-null	object
4	Sex	891 non-null	object
5	Age	891 non-null	float64
6	SibSp	891 non-null	int64
7	Parch	891 non-null	int64
8	Ticket	891 non-null	object
9	Fare	891 non-null	float64
10	Embarked	891 non-null	object

dtypes: float64(2), int64(5), object(4)

memory usage: 76.7+ KB

'''

Age 列的 non-null 一共 891 列，缺失值已完成填补。各个特征已不包含缺失值。至此，对整体数据缺失值处理完毕。

任务 5.2　识别和处理重复值

【任务目标】

PPT：任务 5.2 识别和处理 重复值

① 能够使用函数识别数据中的重复值。

② 能够使用函数处理数据中的重复值。

【知识准备】

pandas 提供了两个方法专门用于处理数据中的重复值，分别为 duplicated( )和 drop_duplicates( )方法。其中，前者用于标记是否有重复值，后者用于删除重复值，它们的判断标准是一样的，即只要两条数据中所有条目的值完全相等，就判断为重复值。

1. 相关库函数

（1）识别数据重复值函数

语法格式：

微课 5-3 处理重复值的 相关库函数

duplicated (subset=None, keep= 'first')

函数说明：

subset 用于识别重复的列标签或列标签序列，默认识别所有的列标签。

keep 用于删除重复项并保留第一次出现的项，取值可以为 first、last 或 false，其含义如下。

- first：从前向后查找，除了第一次出现外，其余相同的被标记为重复。默认为此选项。
- last：从后向前查找，除了最后一次出现外，其余相同的被标记为重复。
- false：所有相同的都被标记为重复。

duplicated( )方法用于标记 pandas 对象的数据是否重复，重复则标记为 True，不重复则标记为 False，所以该方法返回一个由布尔值组成的 Series 对象，其行索引保持不变，数据变为标记的布尔值。

注意：对于 duplicated( )方法，要强调如下两点。

- 只有数据表中两个条目间所有列的内容都相等时，duplicated( )方法才会判断为重复值。此外，duplicated( )方法也可以单独对某一列进行重复值判断。
- duplicated( )方法支持从前向后（first）和从后向前（last）两种重复值查找模式，默认为从前向后查找重复值。换句话说，就是将后出现的相同条目判断为重复值。

实例代码：

为了让读者能更好地理解 duplicated( )方法的使用，下面通过一个示例演示如何从前向后查找并判断 person_info 表中的重复值。具体代码如下。

```python
import pandas as pd
person_info = pd.DataFrame({' id': [1，2，3，4，4，5],
                           'name': [ '小铭', '小月月', '彭岩' , '刘华', '刘华', '周华' ],
                           'age': [18，18，29，58，58，36],
                           'heigh' : [180，180，185，175，175，178],
                           'gender' : [ '女', '女', '男', '男', '男', '男']})
person_info.duplicated ( )        #从前向后查找和判断是否有重复值
```

输出结果：

```
0    False
1    False
2    False
```

```
3    False
4    True
5    False
dtype：bool
```

在上述示例中，首先创建了一个结构与 person_info 表相同的 DataFrame 对象，然后调用 duplicated( )方法对表中数据进行重复值判断，使用默认的从前向后的查找方式，即将第二次出现的数据判定为重复值。从输出结果可以看出，索引 4 对应的判断结果为 True，表明这一行是重复的。

（2）处理数据重复值函数

语法格式：

```
drop_duplicates(subset=None，keep='first'，inplace=False)
```

函数说明：

上述方法中，inplace 参数接收一个布尔类型的值，表示是否替换原来的数据，默认为 False。

实例代码：

```
import pandas as pd
person_info=pd.DataFrame ({' id'：[1，2，3，4，4，5],
                'name'：[ '小铭'，'小月月'，'彭岩' ，'刘华'，'刘华'，'周华' ],
                'age'：[18，18，29，58，58，36],
                'heigh' ：[180，180，185，175，175，178],
                'gender' ：[ '女'，'女'，'男'，'男'，'男'，'男']})
                person_info. drop_duplicates( )
```

输出结果：

	Id	name	age	height	gender
0	1	小铭	18	180	女
1	2	小月月	18	180	女
2	3	彭岩	29	185	男
3	4	刘华	58	175	男
5	5	周华	36	178	男

上述代码中，同样创建了一个结构与 person_info 表相同的 DataFrame 对象，之后调用 drop_duplicates 方法执行删除重复值操作。从输出结果可以看出，name 列中值为"刘华"的数据只出现了一次，重复的数据已经被删除。

注意：删除重复值是为了保证数据的正确性和可用性，为后期分析提供高质量的数据。

【任务实施】

微课 5-4
重复值处理任
务实施

接下来需要完成重复值处理的任务，泰坦尼克数据集（路径为 data/titanic.csv）进行了缺省值处理后，还需要进行重复值的识别和处理，本任务中，要完成泰坦尼克数据集的重复值识别和处理，要求如下。

① 导入泰坦尼克数据集，使用 info( )函数查看数据信息，并使用 duplicated ( )函数查看重复值。

② 使用 drop_duplicates( )函数删除重复值。

源代码

步骤 1：导入泰坦尼克数据，并查看重复值。

导入 pandas、matplotlib.pyplot、numpy 模块，并查看数据主要类型信息，代码如下。

```
import pandas as pd
import matplotlib.pyplot as plt
import numpy as np
from    sklearn.ensemble import RandomForestRegressor
df = pd.read_csv('data/titanic.csv')


df.info( )
'''

<class 'pandas.core.frame.DataFrame'>
RangeIndex: 891 entries, 0 to 890
Data columns (total 12 columns):
 #    Column        Non-Null Count   Dtype
---   ------        --------------   -----
 0    PassengerId   891 non-null     int64
 1    Survived      891 non-null     int64
 2    Pclass        891 non-null     int64
 3    Name          891 non-null     object
```

4	Sex	891 non-null	object
5	Age	714 non-null	float64
6	SibSp	891 non-null	int64
7	Parch	891 non-null	int64
8	Ticket	891 non-null	object
9	Fare	891 non-null	float64
10	Cabin	204 non-null	object
11	Embarked	889 non-null	object

dtypes: float64(2), int64(5), object(5)

memory usage: 83.7+ KB

'''

```
# 查看重复值
df.duplicated ( )
```

步骤 2：删除重复值。

使用 drop_duplicates( )函数，实现删除 DataFrame 数据中的空值，代码如下。

```
# 删除重复值
df. drop_duplicates( )
```

任务 5.3 从原始数据集中划分子集

【任务目标】

PPT：任务 5.3
从原始数据集
中划分子集

① 理解训练集、验证集和测试集的意义。

② 能够根据要求从原始数据集中划分子集。

【知识准备】

1. 训练集、验证集和测试集

我们通常把模型在实际使用中遇到的数据称为测试数据，为了加以区分，模型评估与选择中用于评估测试的数据集常称为"验证集"（validation set）。例如在研究对比不同算法的泛化性能时，我们用测试集上的判别效果来估计模型在实际使用时的泛化能力，而把训练数据另外划分为训练集和验证集，基于验证集上的性能来进行模型选择和调参。

——周志华《机器学习》

机器学习数据集通常划分为以下几个部分。

① 训练集：用于模型拟合的数据样本。

② 测试集：用于评估最终模型的泛化能力。

③ 验证集：模型训练过程中单独留出的样本集，可以用于调整模型的参数和用于对模型的能力进行初步评估。

2. 数据集划分原则

对于小规模样本集，在没有验证集的情况下，常用比例是训练集:测试集=7:3；在有验证集的情况下，常用比例是训练集:验证集:测试集= 6:2:2。

对于大规模样本集，验证集和测试集的比例会减小很多，因为验证（比较）模型性能和测试模型性能具体一定的样本规模就足够。对于百万级别的数据集，可以采用98:1:1 来划分数据集。

3. 相关库函数

划分数据集函数为 model_selection.train_test_split( )。

微课 5-5
划分数据集的
相关库函数

语法格式：

```
sklearn.model_selection.train_test_split(*arrays, **options)
```

函数说明：

arrays 表示需要划分的原始数据，具有相同长度/形状的 lists/numpy arrays/cipy-sparse matrices/pandas dataframes。

test_size 表示测试集所占样本的数量或者比例。

train_size 表示训练集所占样本的数量或者比例。

returns 表示包含切分好的训练集-验证集的列表。

实例代码：

```
from sklearn import datasets
from sklearn.model_selection import train_test_split
```

```
dig = datasets.load_digits( )    # 载入手写数字数据集
print(dig.keys( ))
'''
```

输出结果：

```
dict_keys(['data', 'target', 'frame', 'feature_names', 'target_names', 'images', 'DESCR'])
'''
```

实例代码：

```
# 划分数据，测试集占比0.3，训练集占比0.7
X = dig.data
y = dig.target
X_train,X_test,y_train,y_test = train_test_split(X,y,test_size=0.3)

# 查看原始数据集shape
print(X.shape,y.shape)
'''
```

输出结果：

```
(1797, 64) (1797,)
'''
```

实例代码：

```
# 查看训练集和测试集shape
print(X_train.shape,X_test.shape)
'''
```

输出结果：

```
(1257, 64) (540, 64)
'''
```

划分数据集时，还可以通过 numpy 进行划分。
实例代码：

```
import numpy as np
```

```
from sklearn.model_selection import StratifiedKFold
X = np.array([[1, 2], [3, 4], [1, 2], [3, 4]])
y = np.array([0, 0, 1, 1])
skf = StratifiedKFold(n_splits=2)
skf.get_n_splits(X, y)


print(skf)


for train_index, test_index in skf.split(X, y):
    print("TRAIN:", train_index, "TEST:", test_index)
    X_train, X_test = X[train_index], X[test_index]
    y_train, y_test = y[train_index], y[test_index]
'''
```

输出结果：

```
StratifiedKFold(n_splits=2, random_state=None, shuffle=False)
TRAIN: [1 3] TEST: [0 2]
TRAIN: [0 2] TEST: [1 3]
'''
```

【任务实施】

本案例需要完成训练集与测试集准备。在训练模型时，需要将数据集划分为训练集（用于拟合模型）以及测试集（用于进行模型预测，衡量模型的性能）。

Iris 鸢尾花数据集是一个经典数据集，需要将此数据集以比例 7:3 划分为训练集和测试集。要求如下。

① 导入 Iris 鸢尾花数据集，并声明数据变量为 iris。

② 查看数据集的字段，按比例 7:3 划分数据集，制作测试数据集和测试集。

③ 查看原始数据的维度形状。

步骤 1：导入模块和数据集。

从 sklearn 模块中导入相应的功能模块，代码如下。

微课 5-6
数据集划分任务实施

源代码

```
# 导入模块
from sklearn.datasets import load_iris    # 鸢尾花数据集
from sklearn.model_selection import train_test_split

# 导入鸢尾花数据集
iris = load_iris( )
```

步骤 2：划分数据集。

sklearn 中 model_selection 模块内导入的 train_test_split 是交叉验证中的常用函数，其功能是从样本中随机地按比例选取 train data 和 test data，形式为 X_train,X_test, y_train, y_test = cross_validation.train_test_split(train_data,train_target,test_size=0.4, random_state=0)。其中，train_data 表示所要划分的样本特征集，train_target 表示所要划分的样本结果，test_size 表示样本占比，如果是整数，那么就是样本的数量，random_state 表示随机数的种子，此处使用该函数实现训练集与测试集的制作，比例设定为 7:3，具体代码如下。

```
# 结构
iris.keys( )
'''
```

输出结果：

```
dict_keys(['data', 'target', 'frame', 'target_names', 'DESCR', 'feature_names', 'filename'])
'''
```

实例代码：

```
# 划分数据集，训练集：测试集 = 7：3
x_train , x_test, y_train , y_test   = train_test_split(iris.data,iris.target,test_size=0.3)
```

步骤 3：验证划分结果。

查看制作后数据集的结果，并打印输出，代码如下。

```
# 查看原始数据和划分后数据 shape
print('原始数据集 shape：',iris.data.shape)
print('训练数据集 shape：',x_train.shape)
print('测试数据集 shape：',x_test.shape)
'''
```

输出结果：

原始数据集 shape：(150, 4)

训练数据集 shape：(105, 4)

测试数据集 shape：(45, 4)

'''

任务 5.4　获取数据集的描述性统计信息

【任务目标】

能够选用合适的指标对数据进行描述性统计。

PPT：任务 5.4
获取数据集的描述
性统计信息

【知识准备】

描述性统计分析要对调查总体所有变量的有关数据做统计性描述，主要包括数据的频数分析、数据的集中趋势分析、数据离散程度分析等。

1. 描述性统计指标含义

常用的指标有平均值、中位数、众数、极差、方差、标准差等。一般采用平均值、中位数、众数体现数据的集中趋势。极差、方差、标准差体现数据的离散程度。

① 均值：又称平均数，是表示一组数据集中趋势的量数，是指在一组数据中所有数据之和再除以这组数据的个数。它是反映数据集中趋势的一项指标。

② 中位数：又称中值，是按顺序排列的一组数据中居于中间位置的数，代表一个样本、种群或概率分布中的一个数值，其可将数值集合划分为相等的上、下两部分。对于有限数集，可以通过将所有观察值高低排序后找出正中间的一个作为中位数。如果观察值有偶数个，通常取最中间两个数值的平均数作为中位数。

③ 众数：是指在统计分布上具有明显集中趋势点的数值，代表数据的一般水平，也是一组数据中出现次数最多的数值。

④ 极差：又称范围误差或全距（Range），以 R 表示，用于表示统计资料中变异量数的最大值与最小值之间的差距，即

$$R = X_{max} - X_{min}$$

⑤ 方差：概率论和数理统计中用来衡量随机变量或一组数据离散程度的度量，其值为随机变量与其数学期望（即均值）之间的偏离程度，即

$$\sigma^2 = \frac{\sum (X - \mu)^2}{N}$$

⑥ 标准差：方差的算术平方根，用 σ 表示，在概率统计中常作为统计分布程度上的测量依据。

2. 相关函数库

（1）均值

语法格式：

```
DataFrame.mean(axis=None, skipna=None, level=None, numeric_only=None, **kwargs)
```

函数说明：

返回所请求轴的值的平均值。默认情况下由 $N-1$ 标准化，可以使用 ddof 参数更改。

- axis：{索引(0)，列(1)}。
- skipna：默认为 True，排除 NA/空值。如果整个行/列均为 NA，则结果为 NA。
- ddof：默认值为 1，表示 Delta 自由度。计算中使用的除数为 $N-$ddof，其中 N 表示元素数。
- returns：Series 或 DataFrame。

实例代码：

```
import pandas as pd

# 构造数据
dict = {'name':['zhanglei','wanghong','huming','zhaoxiang','shiyou'],
        'class':['A','B','A','B','A'],
        'score':[90,95,70,100,80],
        'score2':[70,80,92,100,90]
        }
df = pd.DataFrame(dict)
# 求均值
df['score2'].mean( )
'''
```

微课 5-7
数据统计的相
关库函数

输出结果：

86.4
'''

（2）中位数

语法格式：

DataFrame.median(axis=None, skipna=None, level=None, numeric_only=None, **kwargs)

函数说明：

返回所请求轴的值的中值。

实例代码：

```
# 求中位数
df['score'].median( )
'''
```

输出结果：

90
'''

（3）众数

语法格式：

DataFrame.mode(axis=0, numeric_only=False, dropna=True)

函数说明：

获取沿选定轴的众数。

- axis：搜索模式时要迭代的轴。0 或 index 表示获取各列的众数，1 或 columns 表示获取每一行的众数。
- numeric_only：默认为 False，如果为 True，则仅适用于数字列。
- dropna：默认为 True，不考虑 NaN/ NaT 的计数。
- returns：DataFrame，表示行或列的众数。

实例代码：

```
#class 列的众数
df['class'].mode( )
```

```
'''
```

输出结果：

```
0    A
'''
```

```
df['class'].mode( ) [0]
'''
```

输出结果：

```
A
'''
```

（4）标准差

语法格式：

```
DataFrame.std(axis=None, skipna=None, level=None, ddof=1, numeric_only=None, **kwargs)
```

函数说明：

返回指定轴上的样品标准偏差。

- axis：{索引(0)，列(1)}。
- skipna：默认为 True，排除 NA /空值。如果整个行/列均为 NA，则结果为 NA。
- ddof：默认值为 1，表示 Delta 自由度。计算中使用的除数为 N-ddof，其中 N 表示元素数。
- returns：Series 或 DataFrame。

实例代码：

```
# 标准差
df['score'].std( )
'''
```

输出结果：

```
12.041594578792296
'''
```

（5）标准差

语法格式：

DataFrame.var（轴= None，skipna = None，level = None，ddof = 1，numeric_only = None，** kwargs）

函数说明：

返回指定轴上的方差。

微课 5-8
数据统计任务
实施

【任务实施】

本任务需要完成统计信息分析，使用红酒数据集（data/Wine-data.csv）记录从某网站获得的红酒数据信息，包含 129971 条数据、13 个变量字段，需要分析此数据中评分和价格信息。相关字段名称为评分（points）和价格（price），要求如下。

① 导入红酒数据集，并使用 info( )函数查看数据信息。

② 查看 points 和 price 两个字段的均值、最大值、最小值、中位数等统计信息。

③ 查看以上两个数据字段信息的标准差。

源代码

步骤 1：导入红酒数据集，查看数据信息。

导入 pandas，使用 pandas 读入文件数据集，并使用 info( ) 函数查看数据整体信息，代码如下。

```
import pandas as pd

df = pd.read_csv("data/wine-data.csv")

df.info( )
'''
```

输出结果：

```
<class 'pandas.core.frame.DataFrame'>
RangeIndex: 129971 entries, 0 to 129970
Data columns (total 14 columns):
 #   Column              Non-Null Count      Dtype
---  ------              --------------      -----
 0   Unnamed: 0          129971 non-null     int64
```

```
 1    country                129908 non-null    object
 2    description            129971 non-null    object
 3    designation            92506 non-null     object
 4    points                 129971 non-null    int64
 5    price                  120975 non-null    float64
 6    province               129908 non-null    object
 7    region_1               108724 non-null    object
 8    region_2               50511 non-null     object
 9    taster_name            103727 non-null    object
10    taster_twitter_handle  98758 non-null     object
11    title                  129971 non-null    object
12    variety                129970 non-null    object
13    winery                 129971 non-null    object
dtypes: float64(1), int64(2), object(11)
memory usage: 13.9+ MB
'''


df.head( )
```

可以看到数据集一共 129971 条数据、13 个特征字段，其中需要分析的"评分"和"价格"字段分别对应 points 字段和 price 字段。

步骤 2：集中趋势分析。

集中趋势可以回答"数据中间是什么样"的问题，需要查看数据的中值和均值。查看集中趋势最常用的是使用均值指标，这里查看价格和评分的均值，分别使用公式计算和 DataFrame.mean( )方法求得均值，最终将评分平均值和平均价格打印输出，代码如下。

```
# 利用公式获取评分均值，DataFrame.mean( )获得价格均值
sum_score = df['points'].sum( )
num = len(df)


avg_score = sum_score/num
```

```
avg_price = df['price'].mean( )
print("平均评分值为：", avg_score)
print("平均价格为：", avg_price)
'''
```

输出结果：

```
平均评分值为：88.44713820775404
平均价格为：35.363389129985535
'''
```

平均价格为 35，平均得分为 88，如果是满分值，评分值比较令人满意。但是需要注意，数据集来源的网站评分范围是 80～100。查看最大、最小值验证，代码如下。

```
# 查看分数的最大、最小值
min_points = df['points'].min( )
max_points = df['points'].max( )
print('评分最大值：', max_points)
print('评分最小值：', min_points)
'''
```

输出结果：

```
评分最大值：100
评分最小值：80
'''
```

中位数也是一个衡量数据集集中趋势的典型指标，是与均值不同的是，它不需要计算，代码如下。

```
# 中位数
import math

median_price = df['price'].median( )
median_score = df['points'].median( )
```

```
print('价格中位数：', median_price)
print('评分中位数：', median_score)


'''
```

输出结果：

```
价格中位数：25.0
评分中位数：88.0
'''
```

价格的中位数是 25，可以得出酒价至少有一半小于或等于 25，这与均值 35 有一定的差值，说明有高价酒拉高了均值。评分的中位数与均值相差不大，在 88 分。

步骤 3：离散程度分析。

离散程度分析回答了"数据有多少变化"，常用指标是方差和标准差，可以使用 std( ) 函数查看标准差，打印并输出，代码如下。

```
# 标准偏差
stdev_price = df['price'].std( )
stdev_score = df['points'].std( )

print('价格标准差：', stdev_price)
print('分数标准差：', stdev_score


'''
```

输出结果：

```
价格标准差：41.02221766808723
分数标准差：3.039730202916003
'''
```

这些结果是预期的。分数范围只有 80～100，因此标准偏差会很小。相反，价格范围大于 0，平均值为 35，中值为 25。标准偏差越大，平均值附近的数据散布越多，反之亦然。

任务 5.5　绘制数据分布图

PPT：任务 5.5 绘制数据分布图

【任务目标】

① 能够安装 matplotlib 库。

② 使用 matplotlib 绘制基础图形（如散点图、饼状图、条形图）。

【知识准备】

统计图是利用点、线、面、体等绘制成几何图形，以表示各种数量间的关系及其变动情况的工具，能够表现统计数字的大小和变动。特点是形象具体、简明生动、通俗易懂、一目了然。

1. 统计图类型

（1）条形图

条形图主要用于表示离散型的数学资料，即计数资料。它以条形长短或高度表示各事物间的数量大小与数量之间的差异情况，如图 5-1 所示。

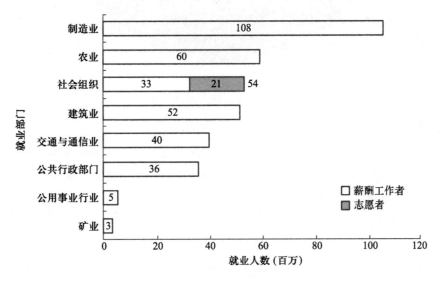

图 5-1　条形示意图

特点：清晰看出各个数据的大小，易于比较数据之间的大小。

（2）扇形图（饼图）

以一个圆的面积表示事物的总体，以扇形面积表示占总体百分数的统计图，这就是扇形统计图（百分数比较图）。扇形统计图可以清楚地反映部分与部分、部分与整体之间的数量关系，如图 5-2 所示。

特点：清晰看出某部分在总体中的占比。

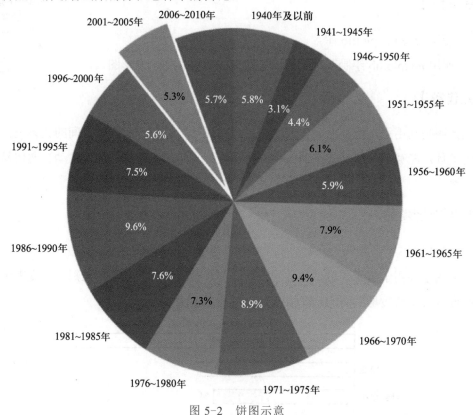

图 5-2　饼图示意

（3）折线图

以折线的上升或下降来表示统计数量增减变化的统计图，称为折线统计图。与条形统计图比较，折线统计图不仅可以表示数量的多少，而且可以反映同一事物在不同时间段发展变化的情况，如图 5-3 所示。

特点：清晰显示数据的变化趋势。

（4）散点图

散点图通常是用于表述两个连续变量之间的关系，其中每个点表示目标数据集中的每个样本，如图 5-4 所示。

特点：可以清晰展示两个变量之间的关系，数据点越多，散点图越能发挥作用（若存在相关关系，则关系越明显）。

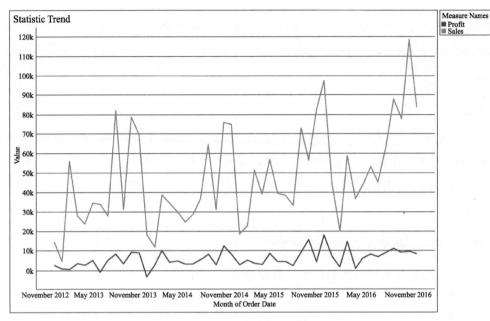

图 5-3　折线图示意

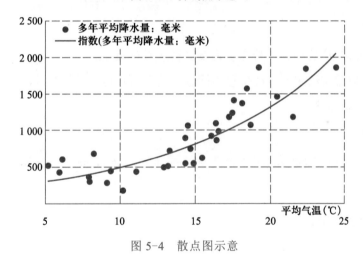

图 5-4　散点图示意

2. 安装 matplotlib

这里使用 matplotlib 库，使用前需提前安装，安装命令如下。

```
pip install matplotlib
```

3. 相关库函数

（1）创建一个新图形，或激活一个现有图形

语法格式：

微课 5-9
绘制数据分布
图的相关库
函数

```
matplotlib.pyplot.figure(num = None,figsize = None,dpi = None,facecolor = None,
edgecolor = None,frameon = True,FigureClass = <class'matplotlib.figure.Figure'>,clear = False,**
kwargs )
```

函数说明：

● num 为图形唯一标识符。

● Figsize(float, float)：图形宽度及高度，以英寸（in）为单位。

（2）显示所有打开的图形

语法格式：

```
matplotlib.pyplot.show(*, block=None)
```

（3）获取或设置 x 轴的当前刻度位置和标签

语法格式：

```
matplotlib.pyplot.xticks(ticks=None, labels=None, **kwargs)
```

函数说明：

● ticks 为 xtick 位置列表，传递空列表将删除所有 xtick。

● labels 为放置在给定刻度线位置的标签，仅当同时传递了刻度时，才能传递此参数。

（4）设置 x 轴标签

语法格式：

```
matplotlib.pyplot.xlabel(xlabel, fontdict=None, labelpad=None, *, loc=None, **kwargs)
```

函数说明：

xlabel 为标签文字。

（5）条形图

语法格式：

```
matplotlib.pyplot.bar(x,height,width = 0.8,bottom = None,*,align = 'center',data = None,**
kwargs)
```

函数说明：

绘制条形图。这些条形以给定的对齐方式位于 x 处。它们的尺寸由高度和宽度给定，
垂直基线为底部（默认为 0）。许多参数可以采用应用于所有条形的单个值或一系列值。

● x 为定义柱状图的 x 轴。

- height 为条形的高度。

- width 为条形的宽度。

实例代码：

```
from matplotlib import pyplot as plt
from matplotlib import font_manager


# 解决中文和负号显示问题
font = {'family' : 'simhei',              # 设置字体
        'weight' : 'bold',                # 加粗
        'size'   : '10'}                  # 字号
plt.rc('font', **font)                    # 设置字体的更多属性
plt.rc('axes', unicode_minus=False)       # 解决坐标轴负数的负号显示问题


# 电影名称列表
a = ["战狼 2", "速度与激情 8", "功夫瑜伽", "西游伏妖篇", "变形金刚 5：最后的骑士", "
摔跤吧！爸爸", "加勒比海盗 5：死无对证", "金刚：骷髅岛", "极限特工：终极回归", "生化危
机 6：终章",
    "乘风破浪", "神偷奶爸 3", "智取威虎山", "大闹天竺", "金刚狼 3：殊死一战", "蜘蛛侠：
英雄归来", "悟空传", "银河护卫队 2", "情圣", "新木乃伊", ]
# 对应票房数据
b = [56.01, 26.94, 17.53, 16.49, 15.45, 12.96, 11.8, 11.61, 11.28, 11.12, 10.49, 10.3, 8.75,
7.55, 7.32, 6.99, 6.88, 6.86, 6.58, 6.23]
plt.figure(figsize=(10,5))                # 创建图像大小为（10，5）
# 绘制条形图
plt.bar(range(len(a)),b,width=0.3)
# x 轴刻度标签对应 a 列表
plt.xticks(range(len(a)),a,rotation=90)             # x 轴文字旋转 90°显示
# 显示图像
plt.show( )
```

输出结果如图 5-5 所示。

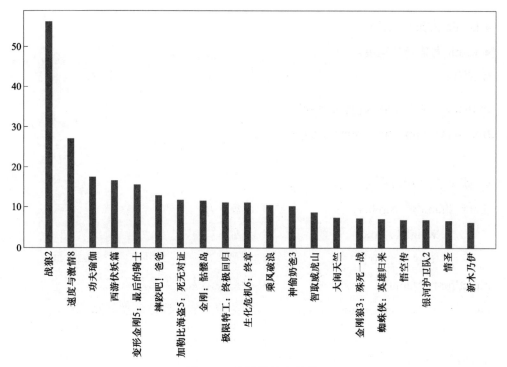

图 5-5 条形图输出结果

（6）扇形图

语法格式：

matplotlib.pyplot.pie(x, explode=None, labels=None, colors=None, autopct=None, pctdistance= 0.6, shadow=False, labeldistance=1.1, startangle=0, radius=1, counterclock=True, wedgeprops= None, textprops=None, center=0, 0, frame=False, rotatelabels=False, *, normalize=None, data= None)

函数说明：

制作一个数组 x 的饼，每个楔形的分数面积由 x/sum(x)给出。

● x：一维数组状，楔形尺寸。

● explode：如果不是 None，则为一个 len(x)数组，该数组指定对应扇形偏移中心的距离。

● labels：扇形外侧显示的说明文字。

● autopct：控制饼图内百分比设置，可以使用 format 字符串或 format function。

● startangle：饼的起点从 x 轴逆时针旋转的角度。

实例代码：

```
import matplotlib.pyplot as plt

labels = ['Frogs', 'Hogs', 'Dogs', 'Logs']
```

```
sizes = [15, 30, 45, 10]          # 每一块数值
explode = (0, 0.1, 0, 0)          # 只有 Hogs 的扇形偏离 0.1

# 绘制扇形图
plt.pie(sizes, explode=explode, labels=labels, autopct='%1.1f%%',
         shadow=True, startangle=90)

plt.show( )
```

输出结果如图 5-6 所示。

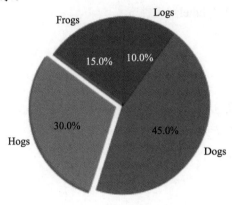

图 5-6 饼图输出结果

（7）折线图

语法格式：

```
matplotlib.pyplot.plot(x, y, format_string, **kwargs)
```

函数说明：

将 y 对 x 绘制为线条和/或标记。

● x、y：数据点的水平/垂直坐标，其中 x 值是可选的，默认为 range(len(y))。

● format_string：控制曲线的格式字符串，可选。

实例代码：

```
import matplotlib
import matplotlib.pyplot as plt
# 解决中文和负号显示问题
font = {'family' : 'simhei',          # 设置字体
```

```
        'weight' : 'bold',              # 加粗
        'size'     : '10'}              # 字号
plt.rc('font', **font)                  # 设置字体的更多属性
plt.rc('axes', unicode_minus=False)     # 解决坐标轴负数的负号显示问题


x = ['1 月','2 月','3 月','4 月']
y = [10, 50, 20, 100]
# "r" 表示红色，ms 用来设置*的大小
plt.plot(x, y, "r", marker='o', ms=5, label="女性")
plt.plot(x, [20, 30, 80, 40], label="男性")
plt.xticks(rotation=45)
plt.xlabel("发布日期")
plt.ylabel("小说数量")
plt.title("A 网站活跃度")
# 将图例 a 显示到左上角
plt.legend(loc="upper left")


plt.show( )
```

输出结果如图 5-7 所示。

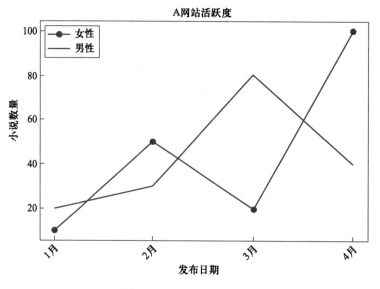

图 5-7　折线图输出结果

（8）散点图

语法格式：

matplotlib.pyplot.scatter(*x*, *y*, *s=None*, *c=None*, *marker=None*, *cmap=None*, *norm=None*, *vmin=None*, *vmax=None*, *alpha=None*, *linewidths=None*, *verts= <deprecated parameter>*, *edgecolors=None*, ***, *plotnonfinite=False*, *data=None*, ***kwargs*)

函数说明：

- x、y：数据位置。
- s：标记大小。
- c：颜色。
- market：点的形状。
- alpha：点的透明度。

实例代码：

```python
import matplotlib.pyplot as plt
import numpy as np

np.random.seed(2)

# 构造数据
x = np.arange(0.0, 50.0, 2.0)    # [0.0,2.0, … ,48]
y = x ** 1.3 + np.random.rand(x.shape[0]) * 30.0

# 绘制散点图
plt.scatter(x, y, c="g", alpha=0.5, marker='o',
            label="Luck")
plt.xlabel("Leprechauns")            #x 轴添加标签
plt.ylabel("Gold")                   #y 轴添加标签
plt.legend(loc='upper left')         # 图例，设置位置为左上角
plt.show( )    # 展示图像
```

输出结果如图 5-8 所示。

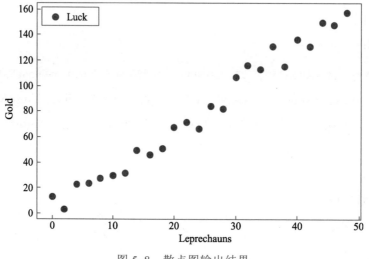

图 5-8 散点图输出结果

【任务实施】

短租数据集（data/listings.csv）记录了北京房屋出租情况，数据集一共 16 个特征、27439 条数据，每一条样本数据都代表一幢房屋的出租信息。已知和房屋所属下辖区相关的特征字段是 neighbourhood，现需要获得不同下辖区的出租房屋计数以及所占百分比情况，请分析问题并选用合适的统计图得出分析结论，要求如下。

① 导入 listing 数据集并查看数据集数据信息描述。

② 对 neighbourhood 字段不同区的数据进行分类统计。

③ 以区名分类绘制条形图。

④ 以区名分类绘制饼图。

微课 5-10
绘制数据分布
图任务实施

源代码

步骤 1：导入数据集并查看数据集信息。

导入 pandas、numpy、matplotlib，读取 listings 数据集。

```
import pandas as pd
import numpy as np
import matplotlib.pyplot as plt

%matplotlib inline
# 解决中文和负号显示问题
font = {'family' : 'simhei',          # 设置字体
        'weight' : 'bold',            # 加粗
```

```
            'size'    : '10'}          # 字号
plt.rc('font', **font)                 # 设置字体的更多属性
plt.rc('axes', unicode_minus=False)    # 解决坐标轴负数的负号显示问题

df = pd.read_csv("data/listings.csv")

df.info( )

'''
```

输出结果：

```
<class 'pandas.core.frame.DataFrame'>
RangeIndex: 27439 entries, 0 to 27438
Data columns (total 16 columns):
 #   Column                          Non-Null Count  Dtype
---  ------                          --------------  -----
 0   id                              27439 non-null  int64
 1   name                            27438 non-null  object
 2   host_id                         27439 non-null  int64
 3   host_name                       27427 non-null  object
 4   neighbourhood_group             0 non-null      float64
 5   neighbourhood                   27439 non-null  object
 6   latitude                        27439 non-null  float64
 7   longitude                       27439 non-null  float64
 8   room_type                       27439 non-null  object
 9   price                           27439 non-null  int64
 10  minimum_nights                  27439 non-null  int64
 11  number_of_reviews               27439 non-null  int64
 12  last_review                     14984 non-null  object
 13  reviews_per_month               14984 non-null  float64
 14  calculated_host_listings_count  27439 non-null  int64
 15  availability_365                27439 non-null  int64
```

```
        dtypes: float64(4), int64(7), object(5)
        memory usage: 3.3+ MB
'''
```

数据条数为 27439，下辖区特征字段 neighbourhood 的非空值为 27439，所以该字段不存在缺失值。

步骤 2：neighbourhood 字段对不同区进行计数。

neighbourhood 字段存在某些区格式为"区名+ / +区名拼音"的情况，另一些是"区名"，为了统一，对 neighbourhood 字段进行处理，以 " / " 为分隔符切割字符串获取分隔符前的部分，然后使用.value_counts( )方法对不同字段值出现次数进行计数。

```
def split_neighbourhood(str):
    return str.split(" / ")[0]


# 去除区名后的"/"+区名拼音
df['neighbourhood'] = df['neighbourhood'].apply(split_neighbourhood)
# 对不同区数据进行计数
nbh = df['neighbourhood'].value_counts( )
nbh
'''
```

输出结果：

朝阳区	7896
东城区	2369
延庆县	2182
密云县	1915
海淀区	1892
怀柔区	1760
丰台区	1649
昌平区	1316
顺义区	1281
西城区	1244
通州区	1214

```
大兴区        1029
房山区        893
石景山区      293
平谷区        254
门头沟区      252
Name: neighbourhood, dtype: int64
'''
```

对不同辖区域计数并排序后的信息存储在 nhb 中，可以看到出租房屋最多的是朝阳区。

步骤 3：绘制条形图。

使用 pyplot 模块中的 figure( )函数绘制条形图图形。

```
plt.figure(figsize=(15,8))                                  # 创建图形
neighbourhood = list(nbh.index)                             # 获得区域名称列表
plt.bar(range(len(neighbourhood)),nbh)                      # 绘制条形图
plt.xticks(range(len(neighbourhood)),neighbourhood)         # 修改条形图 x 轴刻度标签
plt.title("各区出租房屋数量条形图",fontsize=20)              # 添加标题

plt.show( )
```

输出结果如图 5-9 所示。

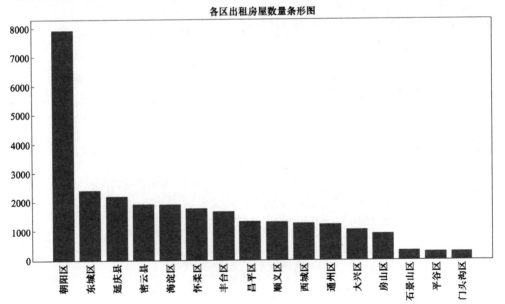

图 5-9　各区出租房屋数量条形图

可以看出，基本可以将计数分为 3 个等级，出租房屋最多的是朝阳区，将近 8000，石景山区、平谷区、门头沟区是最低的，这 3 个计数在 200 左右，其余区域属于中等。

步骤 4：制作饼图。

使用 pyplot 模块中的 figure( )函数绘制饼图。

```
plt.figure(figsize=(10,10))

# 绘制扇形图
plt.pie(nbh, labels=neighbourhood, autopct='%1.1f%%', startangle=90)

plt.legend( )
plt.show( )
```

输出结果如图 5-10 所示。

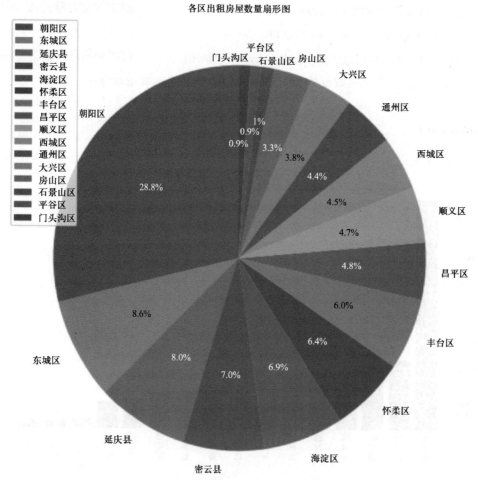

图 5-10　各区出租房屋数量扇形图

出租房屋计数最高的朝阳区占据全北京计数的 28.8%，其次占 5%～10% 的是东城区、延庆县、密云县、海淀区、怀柔、丰台区。

项目总结

本项目主要涉及缺失值识别与处理、重复值识别与处理、数据子集划分、数据集描述性统计以及数据分布图绘制等知识技能。

① 数据缺失产生的机制，具体包括完全随机缺失、随机缺失、非随机缺失 3 种。处理缺失值的方法，具体包括删除法、平均值/中值/众数/邻近值填补、随机森林填补（模型算法预测缺失值）、不处理等。通过库函数完成缺失值的检测与填充，其中检测缺失值的函数为 DataFrame.isnull( )，删除缺失值的函数为 DataFrame.dropna( )，填充缺失值的函数为 DataFrame.fillna( )。

② 识别重复值使用 duplicated( ) 函数，识别出重复值后，一般采用删除方式，删除重复值的方法为 drop_duplicates( )。

③ 了解训练集、验证集和测试集的基本概念，并通过实例演示如何进行数据集划分的具体操作，重点内容为数据集划分的实际操作。

④ 数据描述性统计常用指标及对应函数，其中包括均值、中位数、众数、极差、方差和标准差。其中，均值、中位数、众数体现数据的集中趋势，极差、方差、标准差体现数据的离散程度，重点掌握常用指标对应的函数。

⑤ 了解统计图常用图形（包括条形图、扇形图、折线图和散点图等）及常用统计图对应的函数，重点掌握使用统计图进行数据展示的方法。

课后练习

文本：参考答案

1. 针对给定的数据集（data/zufang.csv），完成下列任务。

① 识别字段中的缺失值，选择恰当的缺失值处理措施，说明理由并完成缺失值处理。

② 识别数据集中的重复值，并删除重复值完成处理。

③ 按照比例 8:2 划分训练集和测试集。

2. 现有银行营销数据集（data/bank.csv），记录了银行通过电话营销用户是否会在银行进行存款以及他们的个人信息。

该数据集共有 21 列，除去 y 记录了是否存款的布尔类型信息，其余 20 个特征变量记录了客户的个人信息，包括受教育程度、年龄、职业、婚姻状况等。现要获取以下信息。

① 数据集中年龄分布以及年龄与存款意愿的数据联系。

② 婚姻状况与存款意愿的关系。

请选择合适的统计图并得出分析结果。

参考文献

[1] 刘凡馨，夏帮贵. Python 3 基础教程实验指导与习题集[M]. 北京：人民邮电出版社，2020.

[2] 江红，余青松. Python 程序设计与算法基础教程[M]. 2 版. 北京：清华大学出版社，2019.

[3] 余本国. Python 数据分析基础[M]. 北京：清华大学出版社，2017.

[4] 王娟，华东，罗建平. Python 编程基础与数据分析[M]. 南京：南京大学出版社，2019.

[5] 王学军，胡畅霞，韩艳峰. Python 程序设计[M]. 北京：人民邮电出版社，2018.

[6] Zelle J. Python 程序设计[M]. 王海鹏，译. 3 版. 北京：人民邮电出版社，2018.

[7] 黑马程序员. Python 快速编程入门[M]. 北京：人民邮电出版社，2017.

[8] Giridhar C. Python 设计模式[M]. 韩波，译. 2 版. 北京：人民邮电出版社，2017.

[9] 闫俊伢，夏玉萍，陈实，等. Python 编程基础[M]. 北京：人民邮电出版社，2016.

[10] Sweigart A. Python 编程快速上手——让繁琐工作自动化[M]. 王海鹏，译. 2 版. 北京：人民邮电出版社，2021.

[11] Matthes E. Python 编程：从入门到实践[M]. 袁国忠，译. 2 版. 北京：人民邮电出版社，2020.

[12] 关东升. Python 从小白到大牛[M]. 2 版. 北京：清华大学出版社，2021.